高等学校教材·无人机应用技术

无人机航测技术

郝红科　张新星　崔　静　编著

西北工业大学出版社
西　安

【内容简介】 随着遥感技术、地理信息技术、全球卫星定位技术的不断成熟,无人机航测技术也得到了快速发展。本书从实用性出发,系统地介绍无人机航测技术的基本知识及其应用领域与发展前景。本书主要内容有无人机的结构与系统、无人机飞行操控的基础知识、无人机测绘任务设备与规划、无人机地理空间数据采集、无人机序列影像的目标定位与跟踪技术、无人机摄影测量制图技术、无人机航测技术应用等。

本书可用作高等和中等职业学校无人机应用技术专业的教材,也可用作企业相关岗位的培训资料。

图书在版编目(CIP)数据

无人机航测技术 / 郝红科,张新星,崔静编著. —
西安:西北工业大学出版社,2023.12
ISBN 978-7-5612-9171-9

Ⅰ.①无… Ⅱ.①郝… ②张… ③崔… Ⅲ.①无人驾驶飞机—航空摄影测量—职业教育—教材 Ⅳ.①V279

中国国家版本馆CIP数据核字(2024)第033082号

WURENJI HANGCE JISHU

无人机航测技术

郝红科 张新星 崔静 编著

责任编辑:曹 江	策划编辑:杨 军	
责任校对:朱晓娟	装帧设计:董晓伟	

出版发行:西北工业大学出版社

通信地址:西安市友谊西路127号　　　　邮编:710072

电　　话:(029)88491757,88493844

网　　址:www.nwpup.com

印 刷 者:兴平市博闻印务有限公司

开　　本:787 mm × 1 092 mm　　　　1/16

印　　张:10.125

字　　数:240千字

版　　次:2023年12月第1版　　　　2023年第12月第1次印刷

书　　号:ISBN 978-7-5612-9171-9

定　　价:39.80元

前　言

　　无人机也叫"无人驾驶航空器"，与航空模型的区别在于无人机有飞行控制（简称飞控）系统，通过飞控系统，人们既可以手动操控无人机飞行，也可以预设航线让无人机自主飞行，飞行范围可以超出人的视线范围。而航空模型没有飞控系统，仅能通过遥控器手动控制，并且始终要在人的视线范围内。

　　无人机航空摄影测量（简称航测）具有优异的机动性和灵活性，大比例尺数字高程模型（Digital Elevation Model，DEM）、数字正射影像图（Digital Orthopoto Map，DOM）、数字线划地图（Digital Line Graphic，DLG）以及实景三维模型在生产中已被广泛采用。由于无人机采用的影像采集设备是非量测型小像幅数码相机，生产效率和质量与预期相差较大，因此，改进无人机航测技术是测绘工作的重中之重。对无人机航测工作流程进行分析可知，制约无人机航测效率和质量的关键问题有 3 个，即设备选型（设备选型是否合理不仅决定航飞效率的高低，而且决定航飞采集数据是否符合规范要求）；数码相机参数标定（数码相机参数标定精度的高低直接影响空三加密、三维模型以及立体采集精度的高低，以及最终成果是否满足规范要求）；摄影方式的选择（摄影方式的选择是否合理决定影像数据是否完整，是否符合规范要求的分辨率，以及成果是否符合规范要求）。

　　无人机是一种由动力驱动、机上无人驾驶、可重复使用的航空器。进入 21 世纪后，无人机用途不断扩大，已经成为一种新型的空中平台，在国民经济建设和现代战争中发挥着越来越重要的作用。因此，无人机及其相关技术的研发与应用研究引起了各国的高度重视，无人机的发展进入了一个崭新的时代。在测绘领域，仅靠卫星和有人机难以快速、及时和全方位地获取环境信息，而基于无人机平台的测绘技术正是这一缺陷的有效补充手段，它具有飞行高度低、分辨率高、获取数据快速等特点，能够满足实时性的要求，所获取的高分辨率遥感图像等数据对于地理信息处理和应用具有重要的意义。无人机测绘技术已经成为测绘科学与技术领域研究的热点。

　　本书由西北农林科技大学林学院郝红科、张新星、崔静编写。编写分工如下：郝红科负责第 1，2 章的内容，张新星负责第 3 章的内容，崔静负责第 7 章的内容。毛晓利负责第 4 章的内容，朱娴和李靖霞负责第 6 章的内容，李培琴和史倩负责第 5 章的内容。郝红科做了本书的统稿工作。

　　本书的出版还得到了陕西秦岭森林生态系统国家野外科学观测研究站基金项目的资助。项目名称为教育部"245 陕西秦岭森林生态系统国家野外科学观测研究站"，项目编号为"2016YFC0500202"。

在编写本书的过程中，笔者曾参阅了相关文献资料，在此向其作者表示感谢。

限于笔者的水平，书中难免存在疏漏和不足之处，欢迎广大读者批评指正。

编著者

2023 年 6 月

目　　录

第1章 无人机的结构与系统

1.1 无人机的基本结构

无人机的基本结构因机而异，情况比较复杂。本书主要介绍固定翼无人机、无人直升机和多旋翼无人机的基本结构。

1.1.1 固定翼无人机的基本结构

固定翼无人机一般由机翼、机身、尾翼、起落装置和动力装置等五个部分组成。

(1)机翼主要由翼梁、纵墙、棉条、翼肋和蒙皮等组成，主要功能是产生飞行所需要的升力。

(2)机身主要由纵向骨架柳梁和析条、横向骨架普通隔框和加强隔框、蒙皮等组成，主要功能是装载燃料和设备，并将机翼、尾翼、起落装置等连成一个整体。

(3)尾翼主要由水平尾翼和垂直尾翼两部分组成，主要功能是稳定和操纵无人机的俯仰与偏转。

(4)起落装置主要由支位、减振器、机轮和收放机构等组成，主要功能是支撑无人机的起飞、着陆滑跑、滑行和停放等。

(5)动力装置包括油动和电动两种。油动动力装置主要由螺旋桨、发动机、舵机和辅助系统等组成；电动动力装置主要由电池、电调、电动机和螺旋桨等组成。动力装置的主要功能是产生拉力(螺旋桨式)或推力(喷气式)，使无人机产生相对气流的运动。

1.1.2 无人直升机的基本结构

无人直升机一般由机身、主旋翼、尾桨、操纵系统、传动系统、电动机或发动机、起落架等组成。

(1)无人直升机机身与固定翼无人机机身的结构和功能类似，其主要功能是装载燃料、货物和设备等，同时作为无人直升机安装的基础将各部分连成一个整体。机身是直接承受和产生空气动力的部件，还具有承载和传力的作用，承受各种装载的载荷和各类动载荷。

(2)主旋翼主要由浆叶和桨毂组成，主要功能是将旋转动能转换成旋翼的升力和拉力。

（3）尾桨一般安装在尾梁后部、尾斜梁或垂尾上，主要功能是平衡旋翼的反扭矩，改变尾桨的推力（或拉力），实现对直升机的航向控制，对航向起稳定作用和提供一部分升力等。尾桨分为推式尾桨和拉式尾桨。

（4）操纵系统主要由自动倾斜器座舱操纵机构和操纵线索等组成，主要功能是用来控制无人直升机的飞行。无人直升机的垂直、俯仰、滚转和偏航等四种运动形式，分别对应总距操纵、纵向操纵、横向操纵和航向操纵等四种操纵形式。

（5）传动系统主要由减速器、传动轴、尾减速器及中间减速器组成，主要功能是将发动机的动力传递给主旋翼和尾桨。

1.1.3 多旋翼无人机的基本结构

多旋翼无人机与固定翼无人机、无人直升机有明显的区别，一般由机架、动力装置和飞控等组成。

（1）多旋翼无人机的机架主要由机臂、中心板和脚架等组成，也有采用一体化设计的机架，其主要功能是承载其他构件的安装。

（2）多旋翼无人机的动力装置通常采用电动系统，主要由电池、电调、电动机和螺旋桨等四个部分组成。

（3）飞控主要由陀螺仪、加速度计、角速度计、气压计、全球定位系统（Global Position Systems，GPS）、指南针和控制电路等组成，主要功能是计算并调整无人机的飞行姿态，控制无人机自主或半自主飞行。

1.2 无人机的组装与调试

无人机的组装与调试（简称装调），必须要有相适宜的装调工具和装调材料，遵循无人机装调工艺的基本原则，执行无人机装调的规范程序，以保障无人机装调操作安全，提高无人机装调效益。

1.2.1 无人机装调工具和装调材料

1. 装调工具

无人机的装调工具有电烙铁、焊接台、热风枪、万用表、扳手、螺丝刀、电线钳等。

（1）电烙铁用于电线与连接头（插头）、电线与分电板等的焊接。

（2）焊接台用于夹紧稳固小部件，便于精准焊接。

（3）热风枪用于加热热缩套管，稳固保护电线与各种规格和用途的插头接头。

（4）万用表用于测量集线板电流、电池电流和电压等，判断通路、短路、断路等电路情况。

（5）扳手、螺丝刀用于装卸主机机架、电动机机座、任务载荷平台等的螺钉。

（6）电线钳用于电线、胶布等的裁剪。

2. 装调材料

无人机装调所用材料都是耗材，这些耗材大体上分为焊接、插接、黏结、基础、电线、辅助等六类。

（1）焊接耗材包括锡焊和松香。锡焊耗材用于焊接，需要预热。松香耗材是焊接辅助耗材，能使电烙铁的焊头和锡焊更好地吸收。

（2）插接材料包括连接头、香蕉头、杜邦线。连接头用于电池电源线的插接。

（3）黏结耗材包括双面胶、螺纹胶。双面胶用于飞控、LED 灯、电源管理模块、接收机等设备的黏结与稳固。螺纹胶用于螺钉、螺杆、螺母的稳固。行业级无人机的螺钉、螺杆、螺母的稳固必须使用螺纹胶。

（4）基础耗材包括热缩管、电线、扎带。热缩管用于各种连接位置（接头位置）的绝缘保护。

（5）电线是用于连接电路的器件。根据电流大小和使用功能（信号线）选择电线的规格型号（截面积）。扎带有尼龙扎带、魔术扎带、魔术贴等，用于辅助或者加强稳固。

（6）辅助耗材包括报警装置、LED 灯、砂纸、减震器等。报警装置有低电量报警器、异常报警器等。LED 灯有彩灯、尾灯，用于白天警示、夜间装饰或者机尾方向辨识。砂纸用于圆滑边缘、平衡桨叶等操作。减震器用于飞控、电池等关键系统的减震。

1.2.2 无人机装调操作安全与操作规程

1. 操作安全

无人机装调过程中，经常会使用各种用电设备、仪器和电动工具，如电源、电烙铁、手电钻等，在操作过程中必须注意操作安全，应当确保做到以下几点：

（1）认识电源总开关，遇到紧急情况要关断电源。

（2）用电设备使用完毕后，随即拔掉电源插头。

（3）切记采取绝缘保护措施，防止触电。

（4）认识铁丝、钉子、金属制品等各种导电物，不用手和导电物直接接触电源插座内部，不随意碰触裸露的线头。

（5）遇到雷雨天气，停止使用电器。

（6）遵从专业人员指导，不要随意拆卸、安装电源线路。

（7）使用多个大功率电器，一定要使用专用插座，不在一个插座上同时使用多个大功率电器，防止过载引起短路，进而引发火灾。

2. 操作规程

(1)从事无人机装调的人员,需遵守相关负责人或者说明书的规定。

(2)衣装穿着整齐,不携带食品、饮料等。

(3)注意装调场所卫生,不吸烟,不随地乱扔垃圾和无人机零部件的包装物。

(4)装调现场的电器设备,一律视为有电;任何接拆线操作,务必断电进行。

(5)注意力保持高度集中,严禁做任何与无人机装调无关的事。

(6)认真学习无人机装调工艺指导书,掌握无人机电路和零部件工作原理,明确零部件的用途,明确装调步骤和安全注意事项。

(7)将零部件(包括线束、螺钉等)集中摆放,以免遗失、遗忘、损坏,防止遗漏无人机装调组件。

(8)使用电器、钻床、工具时,严格遵循现场装调作业规定。

(9)使用电焊机时,热风枪必须放在架子上,保持风口畅通;作业完毕,应将加热手柄放在加热架上;电烙铁不宜长时间温度过高,控制加热温度并实时调整;作业完毕,待机器冷却后摆放,禁止周边有易燃易爆的物品,以免引发火灾。

(10)使用台钳时,钳口不能张得过大;夹持圆形或者精密零部件时,应使用铜垫,防止工件坠落或者损坏。

(11)使用剪刀等切割工具时,确保身体部位与切割工具之间保持安全距离,方向要正确,压力和速度要适宜,不能歪斜。

(12)安全操作规程知情书应包含相应场所安全和人身财产安全风险等内容。

1.2.3 无人机装调工艺

无人机装调工艺主要包括机械装调工艺、电气装调工艺、软件装调工艺。虽然无人机有不同类型的产品,其平台结构也不尽相同,系统配置以及性能参数等诸多因素会影响装调工艺的复杂程度,但是涉及装调工艺的基本内容是一致的。

机械装调主要涉及零部件原材料的准备、机械连接、焊接胶接以及复合材料胶接工艺等;电气装调主要涉及电气连接、导线连接、电路图纸检查、电路检查、飞控系统配置等。将无人机机械和电气部件等硬件组装后,需要进行合理的调试,才能使无人机具有良好的飞行性能。调试工作关系飞行性能和飞行安全,主要体现在对软件的调试上,包括对飞控系统、遥控器和遥控接收系统、动力系统、通信系统等的调试。

1. 无人机装调工艺的基本要求

无人机装调工艺必须确保完整性、规范性、准确性、安全性、严谨性。

(1)完整性指零部件、原材料、图文资料、过程信息记录、动力容量记录等要完整。

(2)规范性指零部件摆放、作业场所、操作动作、软件设置、装调试飞场地选取等要规范。

（3）准确性指零件安装、部件连接、图纸核对、软件调试、参数设置等要准确。

（4）安全性涉及安装环境、供电设备、机械操作、电气绝缘、特种设备操作、静电防护、试飞和飞行的安全空域、安全降落等。

（5）严谨性指依据说明书以及相关要求，严格执行指令，飞行（包括试飞）前应绝对确保组装和调试的过程自检自查。

2. 无人机装调工艺的基本原则

无人机装调工艺的基本原则有九条：①先简单，后复杂；②先部件，后整体；③先外部，后内部；④先机械，后电气；⑤先电源，后设备；⑥先开环，后闭环；⑦先准备，后实施；⑧先断路，后短路；⑨先电调，后预飞。

3. 机械装调工艺

机械装调在无人机组装中占有较大的比例，装调方法和工艺会影响无人机的基本性能、飞行强度和可靠性。机械装调是指将无人机若干零部件按照规定或设计的技术要求，组合成部件-模块-子系统的无人机整机的过程。机械装调是保证无人机产品质量、飞行安全性、操作准确性的重要环节。

机械装调涉及装配资料、装配内容、装配流程、机械装配技术等因素。

（1）装配资料包括总装配图、部件装配图、零件图、物料清单表等。

（2）装配内容包括合理划分单元、确定基准和定位方法、确定装配顺序、选定所需设备和工具装备、零部件配套和准备等。

（3）装配流程包括研究装调对象的装配图和技术标准、选取确定装配方法、划分装配单元、确定装配顺序、确定所需工具设备、确定工艺流程图、细化操作技术规程、制定装配周期定额、编制装配工艺定稿等。

（4）机械装配技术包括两个方面的内容：①机械连接技术，即铆接、螺纹连接、焊接技术、螺钉连接等，主要针对无人机承受机械应力部位，适用于机械材料零部件、复合板、飞行机翼等刚性部件；②复合材料胶接，即热缩焊、高温熔胶、胶螺连接等，主要适用于复合材料、电池固定、电路板固定等非刚性部件。

4. 电气装调工艺

电气装调主要针对无人机电子元器件组成的各种电路装配组合，它与机械装调工艺一起，组成功能完整的无人机硬件。其基本工艺要求和技术如下。

电气装调的基本工艺要求：电气安装原材料和零部件，需检验合格且符合相应技术要求，才准许使用；安装应牢固、可靠，不破坏绝缘、电气防护等主要性能指标；引出线、导线连接，应采用插接、搭接或绕接等方式固定，并采取绝缘防护措施，切忌裸露、有切痕、钳伤等；应采用适当尺寸的绝缘套管，不宜过大，防止脱落后不密封绝缘；电气元器件、集成电路等属于基本装配单元，要保持结构不可分割，形成插件级装配单元；使用互联插件，初步形成插箱板级单元的仪器、设备和系统，再采取箱柜装配，形成无人机电气主体。

电气装调技术涉及三个方面。一是电气连接器：壳体、绝缘体、接触体。二是连接方式：螺纹式、卡口式、直插式、卡锁式。三是电子元器件焊接：锡焊。

5. 软件装调工艺

软件装调工艺与机械装调、电气装调密不可分，直接关系到无人机试飞乃至后期飞行安全。软件装调工艺涉及飞控调试、遥控器和接收机调试、动力系统调试。飞控调试包括固件的烧写、程序的联机测试、各种传感器的校准和飞控相关参数的设置；遥控器和接收机调试主要包括对码操作、遥控模式设置、通道配置、接收机模式选择、模型选择和机型选择、行程量设置、中立微调和微调布阶量设置、转向相位设置等；动力系统调试包括电池电量确认、电调系统界面调整。

1.2.4 无人机组装和调试

无人机组装和调试过程比较复杂，可简单地分为以下七个步骤。

1. 掌握基本理论和基础知识

组装和调试无人机，必须掌握无人机的系统组成、无人机的结构、无人机飞行的原理和性能，以及无人机的组装工艺、组装步骤、调试方法等基础知识和技能。

2. 给无人机定位

组装和调试无人机，必须考虑无人机的性能设计、价格预算等因素。

3. 确定无人机的设计选材与选型

无人机的设计选材与选型，主要包括无人机动力系统、飞机机架、飞控系统等软/硬件配型。

4. 组装无人机

按照组装原则，遵循工艺(包括机械、电气工艺)指导，进行无人机的组装。

5. 调试无人机

按照无人机调试步骤，遵循无人机的调试方法(分无桨和有桨)，并然有序地完成无人机的调试。

6. 试飞无人机

遵循无人机试飞步骤和试飞原则，是无人机顺利试飞的基本保证。试飞中一旦出现问题，要重复进行前五步，直至试飞成功。

7. 后期维护和升级

无人机的后期维护和升级，包括平时的维护保养以及坠机后的维修和改造升级。

1.3 无人机的系统构成

无人机系统的构成十分复杂,难以全面阐述。本节主要介绍无人机动力系统、控制站、飞行控制系统、通信链路系统等的构成。

1.3.1 无人机动力系统

无人机动力系统为无人机提供飞行所需要的动力,使无人机能够安全地开展各项飞行活动。无人机动力系统有三种类型,即以电池为能源的电动系统、以燃油为动力的油动系统和油电混动系统。目前油电混动系统更多地用于汽车领域,在无人机领域较少使用。

1.3.1.1 电动系统

电动系统是将化学能转化为电能再转化为机械能,为无人机飞行提供动力的系统,由电池、调速系统、电动机、螺旋桨等四个部分组成。

1. 电池

电池主要为无人机提供能量,有镍镉、镍氢、锂离子、聚合物电池。考虑到电池的质量和效率问题,无人机多采用锂聚合物电池。

电压分为额定电压、开路电压、工作电压和充电电压等,符号为 U,单位为伏特(V)。额定电压是指电池工作时公认的标称电压,例如聚合物电池为 3.7 V;开路电压是指无负载使用情况下的电池电压;工作电压是指电池在有负载工作情况下的放电电压,它通常是一个电压范围,例如键聚合物电池的工作电压为 3.7~4.2 V;充电电压是指外电路电压对电池进行充电时的电压,一般充电电压要大于电池开路电压。

电池容量是指电池储存电量的大小,电池容量分为实际容量、额定容量、理论容量,符号为 C,单位为毫安时(mA·h)。实际容量是指在一定放电条件下,在终止电压前电池能够放出的电量;额定容量是指电池在生产和设计时,规定在一定放电条件下电池能够放出的最低电量;理论容量是指根据电池中参加化学反应的物质计算出的电量。

2. 调速系统

电子调速器简称电调,它的主要功能是将飞控板的控制信号进行功率放大,并向各开关管送去能使其饱和导通和可靠关断的驱动信号,以控制电动机的转速。电动机的电流是很大的,正常工作时通常为 3~20 A。飞控没有驱动无刷电动机的功能,需要电调将直流电源转换为三相电源,为无刷电动机供电。同时,电调在多旋翼无人机中也充当了电压变化器的作用,将 11.1 V 的电源电压转换为 5 V 电压,给飞控、遥控接收机供电,如果没有电调,飞控板根本无法承受这么大的电流。

电调两端都有接线：输入线与电池相连，输入电流；输出线与电动机相连，用以调节电动机转速。无刷电调有三根输出线。信号线与飞控连接，接收飞控信号并给飞控供电。

3. 电动机

电动机旋转带动桨叶使无人机产生升力和推力，通过对电动机转速的控制，可使无人机完成各种飞行状态。有刷电动机中的电刷，在电动机运转时会产生电火花，并对遥控无线电设备产生干扰；且电刷会产生摩擦力，噪声大，目前在无人机领域已较少使用，更多采用的是无刷电动机。

外转子型无刷电动机的工作原理是，电动机的转子在外面，定子在内部，转子内侧有两个永久性磁铁。电动机的定子结构是线圈，也就是电磁铁，定子在内部是固定不动的。利用磁铁异性相吸的原理，给定子线圈通电；外面的转子由于异性相吸的原理会逆时针转动，让自己的 N 极靠近定子电磁铁的 S 级，自己的 S 极靠近定子电磁铁的 N 极。此时线圈停止通电，让下一个线圈通电。这样，永磁铁就因异性相吸的原理继续逆时针转动，追赶下一个电磁铁目标，前面有个电磁铁线圈在吸引永磁铁，后面有个电磁铁线圈在推动永磁铁。在无刷电动机里，安装了霍尔传感器，能准确判断转子永磁铁的位置，及时将永磁铁的位置报告给定子线圈控制器，控制器就能根据该信息控制线圈电流流向。

电动机的型号通常用"××××"型数字来表示。例如，2212 转子无刷动力电动机即表示电动机定子直径为 22 mm，电动机定子高度为 12 mm。又如电动机上的千伏值，用来表示电动机空载转速，指电压每增加 1 V，无刷电动机增加的每分钟转速，即电动机空载转速＝电动机千伏值×电池电压。

4. 螺旋桨

螺旋桨安装在无刷电动机上，通过电动机旋转带动螺旋桨旋转。多旋翼无人机多采用定距螺旋桨。定距螺旋桨从桨毂到桨尖的安装角逐渐减小，这是因为半径越大的地方线速度越大，受到的空气反作用力就越大，容易造成螺旋桨因各处受力不均匀而折断。同时，螺旋桨安装角随着半径增加而逐渐减小，使螺旋桨从桨毂到叶尖产生一致升力。

螺旋桨尺寸通常用"××××"型数字来表示，前两位数字表示螺旋桨直径，后两位数字表示螺旋桨螺距，单位均为 in(1 in≈2.54 cm)。螺距即桨叶旋转一圈在旋转平面移动的距离。

螺旋桨有正反桨之分，顺时针方向旋转的是正桨，逆时针方向旋转的是反桨。电动机与螺旋桨的配型原则：高千伏电动机配小桨，低千伏电动机配大桨。因为电动机千伏值越小转动惯量越大，千伏值越大转动惯量越小，所以螺旋桨尺寸越大，产生的升力就越大，需要更大力量来驱动螺旋桨旋转，因此采用低千伏电动机；反之，螺旋桨越小，需要的转速越快，以达到足够升力，因此采用高千伏电动机。

电动系统组成部分的接线方式是指电动系统中的电池、电调、电动机之间的接线方式，多旋翼无人机的多个旋翼轴上的电调，其输入端的红线、黑线，需要并联接到电池的正负极上，其输出端的三根黑线连接到电动机上，其电池电源系统信号输出线用于输出监控电压给飞控供电和接收飞控的控制信号，遥控接收机连接在飞行控制器上，输出遥控信号，同时从飞控上得到监控供电。

1.3.1.2 油动系统

燃油类（内燃机）发动机的工作过程是将化学能转换为机械能的过程。内燃机分为汽油机和柴油机两种，两者点燃方式均为压缩冲程（活塞从上止点运动到下止点或者从下止点运动到上止点称为一个冲程，即曲轴转动半圈）。冲程结束时，火花塞产生火花，使燃料猛烈燃烧，产生高温、高压气体。有所不同的是：汽油机压缩冲程结束时，汽油和空气的混合气体被压缩到一定程度，用打火塞将混合气体点燃；而柴油机吸入空气，对其进行猛烈压缩，其压缩程度比汽油机更剧烈，然后喷油嘴喷出柴油，柴油遇到高温气体后被点燃。常用的燃油类发动机有活塞式发动机和燃气涡轮发动机两种类型。

1. 活塞式发动机

活塞式发动机也叫往复式发动机，是一种利用汽缸内燃料燃烧膨胀产生的压力，推动活塞向下运动并做功的机器，将化学能转化为热能又转化成机械能。活塞式发动机是内燃机的一种，靠汽油、柴油等燃料提供动力。活塞式发动机主要由汽缸、活塞、连杆、曲轴、气门机构、螺旋桨减速器、机匣等部件组成。

根据燃料点火方式的不同，活塞式发动机可分为电火花点燃燃料的点燃式发动机和压缩空气使空气温度升高点燃燃料的压燃式发动机。大部分汽油机都是点燃式发动机，大部分柴油机都是压燃式发动机。

根据发动机工作原理的不同，活塞式发动机又可以分为二冲程发动机和四冲程发动机。活塞式航空发动机由汽车的活塞式发动机发展而来，大多是四冲程发动机。其活塞在汽缸内要依次经历进气冲程、压缩冲程、做功冲程和排气冲程等四个冲程。发动机除主要部件外，还需有汽缸、进气孔、排气孔、活塞、连杆零部件等。

（1）进气冲程。进气冲程中，汽缸的进气门打开，排气门关闭，发动机通过启动系统（发动机启动前）使活塞从上止点向下滑动到下止点为止，汽缸内的容积量逐渐增大，缸内气压降低且低于外面的大气压，于是汽油和空气的混合气体即通过打开的进气门被吸入汽缸内。

（2）压缩冲程。曲轴由于惯性作用继续旋转，此时活塞由下止点开始向上推动，于是，进气门也同排气门一样逐渐被关闭，汽缸内容积量逐渐减小，混合气体受到强烈压缩。当活塞运动到上止点时，汽缸内混合气体体积最小，被压缩在上止点和气缸头之间的燃烧室内。压缩冲程的作用：一是提高空气的温度，为燃料自行发火做准备；二是为气体膨胀做功创造条件。

（3）做功冲程。做功冲程又称能量转化冲程或能量转化行程，指的是在发动机内部将燃料的内能转化为机械能的过程。不论是二冲程发动机还是四冲程发动机，都要经过进（扫）气、压缩、燃烧膨胀、排气等四个过程，才能完成一个工作循环。

(4)排气冲程。排气冲程是在做功冲程接近终了时，排气门开启，这时缸内的压力高于大气压力，高温废气迅速排出汽缸。这一阶段属于自由排气阶段，高温废气以当地声速通过排气门排出，后随进入强制排气阶段，即活塞越过下止点向上止点移动，强制将缸内废气排出。活塞达到上止点附近时，排气过程结束。

2. 燃气涡轮发动机

燃气涡轮发动机简称燃气轮机，是以连续流动的气体为工作物质带动叶轮高速旋转，将燃料的能量转变为机械能的内燃式动力机械，是一种旋转叶轮式热力发动机。燃气轮机是一个广泛的称呼，基本原理大同小异。一般所称的燃气涡轮发动机，主要用于船舶（以军用作战舰艇为主）和车轮（通常是体积庞大、可以容纳燃气涡轮机的车种，如坦克、工程车辆等）。它与推进用的涡轮发动机的不同之处在于其涡轮机除了要带动传动轴，传动轴再连上车辆的传动系统、船舶的螺旋桨等之外，还要带动压缩机。燃气轮机是一种先进而复杂的成套动力机械装备，是典型的高新技术密集型产品。作为高科技的载体，燃气轮机代表了多理论学科和多工程领域发展的综合水平，是 21 世纪的先导技术。发展集新技术、新材料、新工艺于一身的燃气轮机产业，是国家高技术水平和科技实力的重要标志之一，具有十分突出的战略地位。至少在目前来看，航空的未来是属于燃气涡轮发动机的。

1.3.2 控制站

控制站又称遥控站、无人机地面站，其主要功能是对无人机实施指挥控制与任务规划。在规模较大的无人机系统中，可以有若干个控制站，这些不同功能的控制站通过通信设备连接起来，构成无人机地面站系统。

1.3.2.1 控制站的功能

无人机地面站系统的功能是多方面的，通常包括指挥调度、任务规划、操作控制、显示记录等。指挥调度功能主要包括上级指令接收、系统之间联络、系统内部调度等。任务规划功能主要包括飞行航路规划与重规划、任务载荷工作规划与重规划等。操作控制功能主要包括起降操纵、飞行控制操作、任务载荷操作、数据链控制等。显示记录功能主要包括飞行状态参数显示与记录、航迹显示与记录、任务载荷信息显示与记录等。

1.3.2.2 控制站系统的组成

标准的无人机地面站，通常由数据链路控制、飞行控制、载荷控制、载荷数据处理等四类硬件设备构成。无人机地面站系统主要由指挥处理中心、无人机控制站、载荷控制站三个不同功能的控制站模块组成。

1. 指挥处理中心

指挥处理中心的任务主要是制订无人机飞行计划，完成无人机载荷数据的处理和应用。指挥处理中心一般都是通过无人机控制站等间接地实现对无人机的控制和数据接收。

2. 无人机控制站

无人机控制站主要由飞行操纵、任务载荷控制、数据链路控制和通信指挥等组成，可完成对无人机机载任务载荷等的操纵控制。一个无人机控制站，可以指挥控制一架无人机，也可以同时指挥控制多架无人机；一架无人机可以由一个控制站完成全部的指挥控制工作，也可以由多个控制站协同完成指挥控制工作。

3. 载荷控制站

载荷控制站与无人机控制站的功能类似，但载荷控制站只能控制无人机的机载任务设备，不能进行无人机的飞行控制。

1.3.2.3 控制站内的显示装置

地面控制站内的飞行控制席位、任务设备控制席位、数据链管理席位，都设有相应分系统的显示装置，因此需要综合规划，确定所显示的内容、方式、范围。显示的主要内容包括以下三个方面。

1. 飞行参数综合显示

根据飞行与任务需要，选择相应的系统信息，显示飞行参数，便于无人机驾驶员判断。一般来说，飞行中显示的内容主要包括以下四个方面。

(1)飞行与导航信息。飞行与导航参数是无人机驾驶员控制无人机执行任务所必需的信息，显示内容一般包括无人机飞行姿态角及角速度信息，无人机飞行位置、高度、速度信息，大气数据信息，发动机状态信息，伺服控制及舵面响应信息。

(2)数据链状态信息。它包括数据链设备工作状态及信道状态等，显示的主要内容包括链路工作状态的主要工作参数、各种链路设备的工作参数、各种链路设备的工作状态。

(3)设备状态信息。在飞行过程中，需要提供必要的系统设备状态信息，帮助无人机驾驶员正确进行相关控制，显示内容一般包括机载航空电子状态信息、机载任务设备状态信息、地面设备状态信息、机载供电信息、导航状态信息、时钟信息等。

(4)指令信息。控制指令是显示无人机驾驶员判断操纵指令发送有效性的重要信息。控制指令作为在线监测内容，能够明确表达和描述指令发送是否有效，同时可对指令通道进行简单的故障定位，显示内容应包括指令代码、发送状态、接收状态。

2. 告警

告警信息包括视觉告警和听觉告警。视觉告警主要包括灯光告警、颜色告警和文字告警等。听觉告警主要包括语音告警和音调告警等。告警分为提示、注意和警告三个级别。①"提示"表明需要提示操纵人员重视系统安全或工作状态、性能状态，以及提醒操纵人员进行例行操纵。②"注意"表明即将出现危险状况，发展下去将危及飞行安全，或某系统、设备发生故障，将影响飞行任务完成或导致系统、设备性能降低，需引起操纵人员注意，但无须立即采取措施。③警告表明已出现了危及飞行安全的状况，需立即采取措施，它是告警的最高级别。

3. 地图航迹显示

地图航迹显示可为无人机驾驶员提供无人机位置等导航信息，包括无人机的导航信息显示、航迹绘制显示以及地理信息显示。

(1)导航信息显示。它能够显示无人机实时定位信息、机载定位传感器设备状态信息、无人机导航信息、导航控制器相关参数和任务规划信息。

(2)航迹绘制显示。在无人机飞行过程中，往往要动态监视无人机位置及飞行轨迹，无人机驾驶员可以据此信息进行决策，规划飞行航线。无人机位置和航迹显示应能直观形象、简洁明了地显示无人机图标、背景地图、规划航线和飞行轨迹等信息。

(3)地理信息显示。地理信息可视化是地图航迹显示软件功能的一个重要组成部分，它包含多层信息内容，可根据需要选择若干层面予以显示。其主要功能有显示地图用户界面，开窗缩放，窗口自动漫游，多种显示方式的运用和比例尺控制显示，符号、注记、色彩控制等。

1.3.3 飞行控制系统

无人机操纵与控制，主要包括起降操纵、飞行控制、任务设备（载荷）控制和数据链管理等。地面控制站内的飞行控制席位、任务设备控制席位、数据链路管理席位等，都应设有相应分系统的操作装置。

1.3.3.1 起降操纵

起降阶段是无人机操纵中最难的控制阶段，起降控制程序应简单、可靠、操纵灵活，操纵人员可直接通过操纵杆和按键，快捷介入控制通道，控制无人机的起降。无人机的类别及起飞质量不同，起飞降落的操纵方式也有所不同。

1. 发射方式

无人机的发射方式因机因地制宜，有手抛、弹射、零长发射、投放发射、滑跑起飞等五种方法。手抛是采用人力手掷起飞，一般用于微型无人机。弹射是采用压缩空气或橡皮筋等储能来发射无人机，一般用于轻、微型无人机。零长发射是采用火箭助推方式发射无人机，一般用于小、轻、微型无人机。投放发射是采用母机挂载发射方式或投抛方式发射无人机，一般用于小、轻型无人机。滑跑起飞是采用跑道滑跑起飞，一般用于大、小型无人机。

2. 回收方式

空中的无人机回收方式也因机因地制宜，有伞降回收、撞网回收、气囊回收及滑跑降落等。伞降回收是利用机载降落伞回收无人机，一般用于小、轻、微型无人机。撞网回收是利用地面回收网，引导无人机撞网回收，一般用于轻、微型无人机。气囊回收是利用机载气囊装置回收无人机，一般用于微型无人机。滑跑降落是利用地面跑道滑跑降落，一般用于大、小型无人机。

国内民用无人机系统的起降，可采用自主控制、人工遥控或组合控制等模式。自主控制是指在起降阶段，操纵人员不需介入控制回路，无人机借助机载传感器信息，或辅助必要的引导信息，由机载计算机执行程序控制，可自动完成无人机的起飞和回收控制。人工遥控是无人机驾驶员通过无线电数据链，利用地面站获取的无人机状态信息，发送无人机控制指令，引导无人机发射和回收。

1.3.3.2 飞行控制

飞行控制是指采用遥控方式对无人机在空中整个飞行过程的控制。无人机种类的不同、执行任务方式的不同，决定了无人机有多种飞行操纵方式。遥控方式是通过数据链路对无人机实施的飞行控制操纵，一般包括舵面遥控、姿态遥控和指令控制三种方式。

1. 舵面遥控

在舵面遥控下，控制站上的操纵杆直接控制无人机的舵面，遥控无人机的飞行。

2. 姿态遥控

在姿态遥控下，在无人机具有姿态稳定控制机构的基础上，通过操纵杆控制无人机的俯仰角、滚转角和偏航角，改变无人机的飞行运动状态。

3. 指令控制

在指令控制下，上行链路发送控制指令，机载计算机接收到指令后，按预定的控制模式执行。这种方式必须在机载自动驾驶仪或机载飞行管理与控制系统自动控制的基础上实施。指令方式一般包括俯仰角选择与控制、高度选择与保持、飞行速度控制、滚转选择与控制、航向选择与保持、航迹控制等。

1.3.3.3 任务设备控制

在任务设备控制下，地面站任务操纵人员通过任务控制单元(任务控制柜)，发送任务控制指令，控制机载任务设备工作。同时，地面站任务控制单元能处理并显示机载任务设备工作状态，供任务操纵人员判读和使用。

1.3.3.4 数据链管理

数据链管理主要是对数据设备进行监控，使其完成对无人机的测控与信息传输任务。机载数据链主要有 V/UHF 视距数据链、L 视距数据链、C 视距数据链、UHF 卫星中继数据链、Ku 卫星中继数据链等。

1.3.4 通信链路系统

通信网络中两个结点之间的物理通道称为通信链路。无人机系统通信链路是指控制载荷和无载荷链路，主要包括指挥与控制（Command and Control，C&C）、空中交通管制（Air Traffic Control，ATC）、感知和规避（Sense and Avoid，S&A）三种链路，是用于无人机系统传输控制、无载荷通信、载荷通信等三部分信息的无线电链路。

1. 通信链路的类别

根据不同标准，可以把通信链路分成若干种类别。从连接方法来看，通信链路有点对点连接的通信链路和多点连接的通信链路。点对点连接的通信链路只连接两个结点；多点连接的通信链路是一条链路连接多个结点。根据通信方式不同，链路又可分为单向通信链路和双向通信链路。

控制站与无人机之间进行的实时信息交换，是通过通信链路实现的。地面控制站需要将指挥、控制以及任务指令及时传输到无人机上。同样，无人机也需要将自身状态（速度、高度、位置、设备状态等）以及相关任务数据发回地面控制站。无人机系统中的通信链路常被称为数据链。民用无人机系统一般使用点对点的双向通信链路，也有部分无人机系统使用单向下传通信链路。

2. 民用无人机射频指标的规定

无人机通信链路需要使用无线电资源。目前，世界上无人机的频谱使用主要集中在UHF、L 和 C 波段，在其他频段也零散分布着。我国工业和信息化部无线电管理局在制定的《无人机系统频率使用事宜》中规定：

(1)840.5～845 MHz 频段可用于无人机系统的上行遥控链路，其中，841～845 MHz也可采用时分方式用于无人机系统的上行遥控和下行遥测信息传输链路。

(2)1 430～1 446 MHz 频段可用于无人机系统下行遥测与信息传输链路，其中1 430～1 434 MHz 频段应优先保证警用无人机和直升机视频传输使用，必要时1 434～1 442 MHz也可以用于警用直升机视频传输。无人机在市区部署时，应使用1 442 MHz 以下频段。

(3)2 408～2 440 MHz 频段可用于无人机系统下行链路，该无线电台工作时，不得对其他合法无线电业务造成影响，也不能寻求无线电干扰保护。

3. 机载链路设备

机载链路设备是指无人机上用于通信联络的电子设备。机载链路设备的发展趋势，主要是数字化（实现以机载电子计算机为中心的数字通信）和综合化（将单一功能电台综合为多功能电台，进而将无人机电台与其他机载电子设备组成多功能综合电子系统），进一步减小机载通信设备的体积、质量和功耗，提高其可靠性、保密性和抗干扰能力。

机载电台一般由发信机、收信机、天线、控制盒和电源等组成。发信机和收信机是电台的主体，一般安装在无人机电子舱或靠近天线处，通过电缆与控制盒连接。视距内通信的无人机多数安装有全向天线，需要进行超视距通信的无人机一般采用自跟踪抛物面卫星通信天线。

4. 地面链路设备

民用通信链路的地面终端硬件，一般会被集成到控制站系统中，称作地面电台，部分地面终端会有独立的显示控制界面。视距内通信链路地面天线采用鞭状天线、八木天线和自跟踪抛物面天线，需要进行超视距通信的控制站还会采用固定卫星通信天线。

1.4　无人机的日常保养和维护

无人机的日常保养和维护，对于无人机的飞行安全和寿命延长来说，至关重要。轻视乃至无视无人机的日常保养和维护工作，将会出现无人机的零配件受损、缺失后毫不知情的情况，从而影响无人机的正常飞行活动，且在飞行期间容易出现发动机熄火、电池异常，甚至引发无人机炸桨、炸机等问题。

无人机的日常保养和维护，除了认真做好每次飞行结束后的全面检查，发现损坏的零配件并及时维修或更换外，主要是做好无人机的机身、电机、电池、螺旋桨、减震球等的日常保养和维护工作，确保无人机性能良好，始终处于适航状态，执行飞行任务时安全无恙，使用寿命得到延长。

1. 无人机机身的养护

目前，大多数无人机采用碳纤维材料制成机身，以保护无人机内部电路不被外界环境腐蚀。机身一般都设有散热孔，正是这些小的孔隙，让机身受到腐蚀且难以清理，雨、水、沙尘等会通过此孔隙进入机身内部，若不及时清理保养，日积月累，便会对无人机产生严重的影响。

无人机机身的养护，应做好以下几个方面的工作。

（1）检查机身是否出现螺丝松动；检查机臂是否出现裂痕或破损，若发现裂痕或破损，则应当更换或者寄回检测维修。

（2）查看减震球的外层，如有变硬或者开裂等老化迹象，应及时更换，以免影响航拍效果。

（3）检查信息物理系统（Cyber Physical Systems，CPS）上方以及每一个起落架的天线位置，发现贴有带导电介质的贴纸等影响信号的物体，及时清除。

（4）对可变形系统的机架结构进行检查，查看变形组件在变形过程中是否正常。如有异物，需要及时清理；组件若有受损，必须及时返修。

（5）避免在有沙土或者碎石等小颗粒存在的环境中起飞，若不得已起飞，飞行结束后要及时清理无人机孔隙周围，确保机身以及内部干净。

(6)如果在雨雪或者雾气较大的天气使用无人机,用完后要立刻断电擦干,并且风干,或者放到防潮箱吸潮,确保湿气除净。

2. 无人机电机的养护

无人机电机的养护包括清擦电机,确保各部位的螺丝牢固、完好,以及确保电器转动正常。

(1)经常清擦电机机座外部的灰尘、油泥。无人机使用的环境灰尘较多的,每次飞行之后必须清擦一次。

(2)检查和清擦电机接线处,若发现接线盒接线螺丝松动或烧伤,要及时处置。

(3)仔细查看无人机上各个固定部分的螺丝,将松动的螺母拧紧。

(4)用手转动转轴,检查电机转动灵活与否,有无异常的摩擦、卡阻、窜轴或响声。同时,检查电机上的各部件是否完备。如果通电之后某个电机不转,或者转速很慢,或有异常杂音,应立即断电检修或返修;否则,通电时间较长,极有可能烧毁电机,甚至损坏控制电路。

3. 无人机螺旋桨的养护

螺旋桨是无人机快速消耗设备之一,若养护不当,在日常飞行过程中即使不发生炸机现象,也有可能会炸桨,因此在每次飞行之后,都应该查看桨叶外观,若有弯折、破损、裂缝等迹象,必须更换螺旋桨。

4. 无人机遥控器的养护

无人机遥控器的养护内容:

(1)不在潮湿、高温的环境中使用或者放置遥控器,以免遥控器内部的元件损坏或者老化,导致遥控器外壳变形。

(2)避免遥控器受到强烈的振动,或从高处跌落,以保障内部构件的精度不变。

(3)无人机飞行后,注意检查遥控器的天线是否有损伤、遥控器的挂带牢固与否,以及与航拍器的连接有无异常。发现问题及时解决,不能解决的联系售后处理。

(4)无人机在使用或者存放过程中,尽量不要"弹杆"。

(5)检查遥控器的各个接口处,看是否有异物或者存在接触不良的情况。

(6)注意查看遥控器的电量,确保使用期间不缺电源供应。

5. 无人机云台相机的养护

为了保证正常使用与收到良好的拍摄效果,云台相机配件的养护工作不可马虎。

(1)使用一段时间后,必须检查云台相机的排线是否正常连接。

(2)查看金属接触点是否氧化,云台快拆部分是否松动,风扇噪声是否正常。若金属触点氧化,可用橡皮擦清洁。

(3)相机镜片被污损后,可用镜头清洁剂清洗,不要用手直接触摸。

6. 无人机电池的养护

无人机装备中，消耗量最大的是电池。对于电池的养护，应当遵循"六不"原则，即不过充、不过放、不满电保存、不损坏外皮、不短路、不着凉。这样，方可延长电池的使用寿命。

(1)无人机使用前，首先检查电池是否可以使用，观察电池外观有无鼓包。保护壳内的无人机专用电池，如果安装不紧密、有松动，很有可能是电池膨胀将保护壳挤变形了。

(2)应注意温度对经常外出航拍的无人机电池的影响。在低温地区使用时，应给电池做好"保暖"和"热身"工作，以减少电量突然降低的情况。极端温度环境对电池的伤害非常大，冬天过冷和夏天过热的情况，都会导致无人机续航时间缩短。不要在热源附近使用或存放电池，如阳光直射或大热天的车内、火源或烤火炉旁。电池理想的保存温度为 22～28 ℃，切勿将电池存放在低于 −10 ℃ 或高于 45 ℃ 的环境中。

(3)长时间不用的无人机，应把电池放在阴凉且干燥的地方保存。电池每隔大约 3 个月或经过约 30 次充放电后，需要进行一次完整的充电和放电过程再保存，以保证电池的最佳工作状态。定期检查电池寿命，当电池指示灯发出低寿命报警时，必须更换新电池。

此外，为了确保无人机日常养护的工作质量，必须使用合适的养护工具——柔软的擦布、小清洁刷，气瓶或气球，以及清洁剂异丙醇等。

柔软的小清洁刷(能用清管器当然更好)用于清除无人机缝隙中的沙尘。气瓶或者气球用于清除无人机"敏感部位"的尘垢(如电机或电路板旁边的灰尘)。使用异丙醇清洁剂，可以去除污垢、草渍、血渍等绝大部分顽渍，且不会损坏电路，让无人机的外壳光洁如新。把无人机拆开来进行大扫除的时候，柔软的擦布必不可少，它可以和异丙醇协同工作。

第2章 无人机飞行操控的基础知识

2.1 无人机导航系统与技术

2.1.1 无人机导航系统

无人机导航即按照要求的精度,沿着预定的航线,在指定的时间内正确地引导无人机至目的地。也就是说,无人机根据导航系统提供的卫星信号分析结果确定自身位置,从而实现定点悬停和按规划航线自主飞行。要使无人机成功地完成预定的航行任务,除了起始点和目标点的位置之外,还必须知道无人机的实时位置、航行速度、航向等参数。

无人机导航系统有三个方面的作用。

一是配合控制系统实现无人机的定点悬停功能。

二是配合地面站系统实现自主航线飞行,即无人机自主飞行。自主飞行是指无人机可以按照操纵者事先在电子地图上规划好的航线自主巡航,而不需要操纵者对其进行遥控干预。要实现这个功能,首先要满足两个条件:第一个条件是无人机自驾仪内要有规划好的航线,使用者可以在无人机起飞前用数据线上传航线,也可以在无人机起飞后通过数传链路上传航线;第二个条件是无人机必须具备精确的导航功能,也就是无人机必须时刻知道自己的地理位置,否则无法实现自主飞行功能。

三是向地面发送无人机所在的实时位置。

2.1.2 无人机导航技术

目前在无人机上采用的导航技术,主要包括卫星导航、惯性导航、多普勒导航、地形辅助导航以及地磁导航等。这些导航技术可以单独或组合用于无人机导航,前者即单一导航技术,后者即组合导航技术。这两种导航技术各有优、缺点,因此,在无人机导航中,根据无人机担负的不同任务来选择合适的导航技术至关重要。

2.1.2.1 单一导航技术

单一导航技术指的是采用某种导航技术来完成预定的航行任务。单一导航技术主要有定位卫星导航和惯性导航(Inertial Navigation System，INS)两种。

1. 定位卫星导航

卫星导航是通过不断地对目标物体进行定位从而实现导航功能的。目前，全球范围内有影响力的卫星定位系统有美国的全球定位系统(GPS)、欧洲的伽利略、俄罗斯的格拉纳斯及我国的北斗。本书主要介绍现阶段应用较为广泛的 GPS。

利用 GPS 定位卫星，在全球范围内实时进行定位、导航。GPS 导航的基本原理是测量出已知位置的卫星到用户接收机之间的距离，然后综合多颗卫星的数据来确定接收机的具体位置。

GPS 导航的优点是具有全球性、全天候、连续精密导航与定位能力，导航的实时性较好。其缺点是易受电磁干扰；GPS 接收机的工作受飞行器机动的影响，比如 GPS 的信号更新频率一般为 $1\sim2$ Hz，如果飞行器需要快速更新导航信息，单独搭载 GPS 就不能满足飞行器更新信息的需要。美国在未经美国政府授权的广大用户所使用的标准定位服务(Standard Positioning System，SPS)中人为地引入误差，即在所有的 GPS 工作卫星上实施选择可用性(Selective Availability，SA)政策，使水平定位精度降低至 100 m($2d$)，垂直定位精度为 156 m(2σ)，时间精度为 175 ns。尽管 SA 政策已于 2000 年 5 月 1 日停止使用，但是单点定位的精度也只有 $20\sim40$ m，这样的精度难以满足飞行导航、工程测量等方面的定位需求。为了解决这一问题，提高单点定位的精度，差分全球定位系统(Differential Global Positioning System，DGPS)便应运而生，它在 GPS 的基础上，利用差分技术，使用户能够从 GPS 中获得更高的精度。

2. 惯性导航

惯性导航是以牛顿力学定律为基础，依靠安装在载体(如飞机、舰船、火箭等)内部的加速度计测量载体在三个轴向上的运动加速度，经积分运算得出载体的瞬时速度和位置，以及测量载体姿态的一种导航方式。惯性导航系统通常由惯性测量装置、计算机、控制显示器等组成。惯性测量装置包括加速度计和陀螺仪。三自由度陀螺仪用来测量飞行器的三个转动运动；三个加速度计用来测量飞行器的三个平移运动的加速度。计算机根据测得的加速度信号计算出飞行器的速度和位置数据。控制显示器显示各种导航参数。

惯性导航完全依靠机载设备自主完成导航任务，工作时不依赖外界信息，也不向外界辐射能量，不易受到干扰，不受气象条件限制，是一种自主式的导航系统，具有完全自主、抗干扰、隐蔽性好、可全天候工作于空间和水下、输出导航信息多、连续性好且噪声低、数据更新率高、短期精度和稳定性好等优点。惯性导航可以完成空间三维导航或地面上的二维导航。

惯性导航系统受各种因素的影响，存在以下缺点：导航信息经过积分而产生，定位误差随时间而增大，长期精度差；每次使用之前，需要较长的初始对准时间；惯性导航设备的价格较昂贵；不能给出时间信息。

惯性导航组合按照在飞行器上的安装方式，可分为平台式(惯性导航组合安装在惯性平台的台体上)和捷联式(惯性导航组合直接安装在飞行器上)两大类惯性导航系统。

(1)平台式惯性导航系统。根据建立的坐标系不同,平台式惯性导航系统又分为空间稳定和本地水平两种工作方式。空间稳定平台式惯性导航系统的台体相对惯性空间稳定,用已建立的惯性坐标系。地球自转、重力加速度等影响由计算机加以补偿。这种系统多用于载体火箭的主动段和一些航天器上。

本地水平平台式惯性导航系统的特点是台体上的两个加速度计输入轴所构成的基准平面能够始终跟随飞行器所在点的平面(利用加速度计与陀螺仪组成舒拉回路来保证),因此加速度计不受重力加速度的影响。这种系统多用于沿着地球表面做等速运动的飞行器(如飞机、巡航导弹等)。

在平台式惯性导航系统中,框架能隔离飞行器的角振动,仪表工作条件较好。平台能直接建立导航坐标系,计算量小,容易补偿和修正仪表的输出,但结构复杂、尺寸大。

(2)捷联式惯性导航系统。捷联式惯性导航系统是一种无框架系统,由三个速率陀螺、三个线加速度计和微型计算机组成。由于惯性元器件有固定漂移率,会造成导航误差,因此导航通常采用指令、GPS 或其组合等方式对惯性导航进行定时修正,以获取持续准确的位置参数。如采用指令+捷联式惯性导航,捷联式惯性导航系统能精确提供载体的姿态、地速、经纬度等导航参数,它是利用惯性敏感器、基准方向及最初的位置信息来确定运动载体的方位、位置和速度的自主式航位推算导航系统。在工作时,它实现了与外界条件隔绝的假想的"封闭"空间内的精确导航,具有隐蔽性好、工作不受气象条件和人为的外界干扰影响等优点。捷联式惯性导航系统的最大特点是没有实体平台,即将陀螺仪和加速度计直接安装在机动载体上,在计算机中实时地计算姿态矩阵,通过姿态矩阵把导航加速度计测量的载体沿机体坐标系轴向的加速度信息变换到导航坐标系上,然后进行导航计算。同时,从姿态矩阵的元素中提取姿态和航向信息。可见在捷联式惯性导航系统中,平台的作用已被计算机及其软件的作用所代替,捷联式惯性导航系统采用的是数字平台。力学编排就是按照合适的数学模型,由观测量计算出导航定位参数。具体来讲:利用陀螺仪测得的载体相对于惯性参照系的旋转角速度,计算出载体坐标系至导航计算坐标系之间的坐标转换矩阵;将测量的比力(加速度计测量载体相对于惯性空间的线加速度)变换至导航坐标系,并经过两次积分得到所需的速度位置信息。

3. 多普勒导航

多普勒导航是飞行器常用的一种自主式导航。多普勒导航系统由磁罗盘或陀螺仪、多普勒雷达和导航计算机组成。其工作原理是多普勒效应,无人机上的多普勒导航雷达不断向地面发射电磁波,因无人机与电磁波照射的地面之间存在相对运动,雷达接收到地面回波的频率与发射电磁波的频率相差一个多普勒频率,根据公式计算出无人机相对于地面的飞行速度(地速)以及偏流角(地速与无人机纵轴之间的夹角)。由于气流的作用,偏流角反映了地速、风速和空速之间的关系。磁罗盘或陀螺仪可以测出无人机的航天偏角,即无人机纵轴方向与正北方向的夹角。根据多普勒雷达提供的地速和偏流角数据,以及磁罗盘或陀螺仪提供的航向数据，导航计算机就可以不断地计算出无人机飞过的路线。

多普勒导航的优点是自主性好、反应快、抗干扰性强、测速精度高，能用于各种气候条件和地形条件。其缺点是工作时必须发射电波，因此其隐蔽性不好；系统工作受地形影响，性能与反射面的形状有关，如：在水平面或沙漠上空工作时，由于反射性不好，会降低性能；精度受天线姿态的影响；测量有累积误差，系统会随飞行距离的增加而使误差增大。

4. 地形辅助导航

地形辅助导航是指飞行器在飞行过程中，利用预先存储的飞行路线中某些地区的特征数据，与实际飞行过程中测量得到的相关数据不断比较来实施导航修正的一种方法。地形辅助导航的优点是没有累积误差，隐蔽性好、抗干扰性能较强。其缺点是：计算量较大，实时性受到制约；工作性能受地形影响，适合起伏变化大的地形，不适宜在平原或者海面使用；受天气影响，在大雾和多云等天气条件下导航效果不佳；要求飞行器按照规定的路线飞行，机动性不强。地形辅助导航分为地形匹配、景象匹配和桑地亚惯性地形辅助导航三类。

（1）地形匹配。地形匹配也称为地形高度相关，其原理是地球表面上任何地点的地理坐标，都可以根据其周围地域的等高线或地貌来单值确定。地形匹配是通过获取沿途航线上的地形地貌情报，据此做出专门的数字地图并存入计算机，当飞机飞越某块已数字化的地形时，机载无线电高度表测出相对高度，根据气压、惯性综合测出绝对高度，两者相减即得地形标高。飞行一段时间后，即可得到真航迹的一串地形标高。将测得的数据与预先存储的数字地图进行相关分析，确定飞机航迹对应的网格位置。因为事先确定了网格各点对应的经纬度，所以便可以用数字地图校正惯性导航。

（2）景象匹配。景象匹配又称景象相关，它与地形匹配的区别如下：预先输入计算机的信息不是高度参数，而是通过摄像等手段获取的预定飞行路径的景象信息，将这些景象数字化后存储在机载的相关计算设备中，这些信息具有很好的可观测性。飞行中，通过机载的摄像设备获取飞行路径中的景象。然后，利用机载数字景象匹配相关器将其所测与预存的景象进行相关性比较以确定飞机的位置。

（3）桑地亚惯性地形辅助导航。桑地亚惯性地形辅助导航采用了推广的递推卡尔曼滤波算法，具有更好的实时性。其原理是根据惯性导航系统输出的位置在数字地图上找到地形高程。而惯性导航系统输出的绝对高度与地形高度之差为飞行器相对高度的估计值。它与无线电高度表实测相对高度之差就是卡尔曼滤波的测量值。地形的非线性导致了测量方程的非线性。采用地形随机线性化算法可以实时获得地形斜度，得到线性化测量方程，结合惯性导航系统的误差状态方程，经递推卡尔曼滤波算法可得到导航误差状态的最佳估计。利用输出校正可修正惯性导航系统的导航误差，从而获得最佳导航状态。

5. 地磁导航

地磁场为矢量场，地球近地空间内任意一点的地磁矢量，都不同于其他地点的矢量，且与该地点的经纬度存在一一对应的关系。因此，理论上只要确定了该点的地磁场矢量，即可实现全球定位。按照地磁数据处理方式的不同，地磁导航分为地磁匹配与地磁滤波两种方式。

目前，地磁匹配在导航中应用更广，它把预先规划好的航迹某段区域、某些点的地磁场特征量绘制成参考图（或称基准图）存储在载体计算机中，当载体飞越这些地区时，由地磁匹配测量仪器实时测量出飞越这些点的地磁场特征量，以构成实时图。载体上的计算机对实时图与参考图进行相关匹配，计算出载体的实时坐标位置，供导航计算机解算导航信息。地磁匹配类似于地形匹配，区别在于地磁匹配可有多个特征量。

地磁导航具有无源、无辐射、隐蔽性强、不受敌方干扰、全天候、全地域、能耗低等优良特征，导航不存在累积误差，在跨海制导方面有一定的优势。其缺点是地磁匹配需要存储大量的地磁数据，实时性与计算机处理数据的能力有关。

2.1.2.2 组合导航技术

组合导航是指把两种或两种以上的导航系统以适当的方式组合在一起，利用其性能上的互补特性，可以获得比单独使用任一系统时更高的导航性能。组合导航除了可以将以上介绍的导航技术进行组合之外，还可以应用一些相关技术（如大气数据系统、航迹推算技术等）提高精度。

1. INS/GPS 组合导航系统

INS/GPS 组合的优点，表现在对惯性导航系统可以实现惯性传感器的校准、惯性导航系统的空中对准、惯性导航系统高度通道的稳定等方面，从而可以有效地提高惯性导航系统的性能和精度；对 GPS 系统来说，惯性导航系统的辅助可以提高其跟踪卫星的能力，提高接收机的动态特性和抗干扰性。

INS/GPS 组合导航还有两个好处：一是可以实现 GPS 完整性检测，从而提高可靠性；二是可以实现一体化，把 GPS 接收机放入惯性导航部件中，以进一步减小系统的体积和质量，降低成本，便于实现惯性导航和 GPS 同步，减小非同步误差。INS/GPS 组合导航系统是目前多数无人飞行器所采用的主流自主导航技术。

2. 惯性/多普勒组合导航系统

这种组合方式既解决了多普勒导航易受到地形因素影响的问题，又可以解决惯性导航自身的累积误差问题，同时二者在隐蔽性上实现了较好的互补。

3. 惯性/地磁组合导航系统

惯性/地磁组合导航的优势在于，利用地磁匹配技术的长期稳定性，弥补惯性导航系统误差随时间累积的缺点；利用惯性导航系统的短期高精度，弥补地磁匹配系统易受干扰等不足。惯性/地磁组合导航具备自主性强、隐蔽性好、成本低、可用范围广等优点，是当前导航研究领域的一个热点。

4. 惯性/地形匹配组合导航系统

地形匹配定位的精度很高，可以利用它来消除惯性导航系统长时间工作的累积误差，提高惯性导航系统的定位精度。地形匹配辅助导航系统具有自主性和高精度的突出优点，将其应用于装载有多种图像传感器的无人机导航系统，构成惯性/地形匹配组合导航系统，将是地形匹配辅助导航技术发展和应用的未来趋势。

5. GPS/航迹推算组合导航系统

航迹推算的基本原理是在 GPS 失效的情况下，依据计算机测得的空速、磁航向测得的航向，以及当地风速风向，推算出地速及航迹角。当 GPS 定位信号中断或质量较差时，由航迹推算系统确定无人机的位置和速度；当 GPS 定位信号质量较好时，利用 GPS 高精度的定位信息对航迹推算系统进行校正，从而构成高精度、高可靠性的无人机导航定位系统，在以较高质量保证飞行安全和品质的同时，能有效降低系统的成本，使无人机摆脱对雷达、测控站等地面系统的依赖。

2.1.2.3 新型视觉定位技术

在无人机导航手段相对单一的过去，无人机在室内是无法实现定点悬停的，因为它搜索不到 GPS 信号。但随着科技的发展，近几年已经出现了一种新型视觉定位技术。这种技术依靠光流定位和超声波辅助定高，可以帮助导航系统在定点悬停时摆脱对 GPS 信号的依赖。

这种技术的出现对于无人机在今后的推广和应用大有益处。它的意义不仅在于促进无人机在室内环境下的精准定位，更在于为受到 GPS 信号干扰的无人机增加一种定位手段，从而避免无人机失控。这种导航手段相当于为容易受到干扰的卫星导航系统增加了一层保险。

在无 GPS 信号的室内环境中，该技术将自动切换成视觉定位模式，内置的光流传感器将像素分布及颜色、亮度等信息转变为数字信号，传送给图像处理系统并进行各种运算以抽取目标特征，进而根据结果来控制飞行器的动作。超声波传感器主要用来判断相对高度。通过高效的视觉处理器计算，无人机实现了精确的室内定位悬停和平稳飞行。

2.1.2.4 无人机导航技术的未来

无人机导航技术的发展趋势，主要集中在新型惯性导航系统的研制、组合因子的增加和数据融合新技术的研发三个方向上，以提高组合导航系统的精度和性能，提高导航的稳定性。

(1)研制新型惯性导航系统，提高组合导航系统精度。新型惯性导航系统目前已经研制出光纤惯性导航、激光惯性导航、微固态惯性仪表等多种方式。随着现代微机电系统的飞速发展，硅微陀螺仪和硅加速度计的研制迅速加快，其具有成本低、功耗低、体积小及质量轻的特点，很适合战术应用。随着先进的精密加工工艺的发展和关键理论与技术的突破，会有多种类型的高精度惯性导航装置出现，组合导航的精度也会随之提高。

(2)增加组合因子，提高导航稳定性能。未来无人机导航将对组合导航的稳定性和可靠性提出更高的要求，组合导航因子将会有足够的冗余，不再依赖于组合导航系统中的某一项或者某几项技术，当其中一项或者几项技术因为突发状况不能正常工作时，不会影响无人机的正常导航。

（3）研发数据融合新技术，进一步提高组合导航系统性能。组合导航系统的关键器件是卡尔曼滤波器，它是各导航系统之间的连接口，并进行数据融合处理。目前，研究人员正在研究新的数据融合技术，例如采用自适应滤波技术，在进行滤波的同时，利用观测数据带来的信息，不断地在线估计和修正模型参数、噪声统计特性和状态增益矩阵，以提高滤波精度，从而得到对象状态的最优估计值。

此外，将神经网络人工智能、小波变换等各种信息处理方法，引入以组合导航为核心的信息融合技术中，也引起了人们的高度重视，这些新技术一旦研制成功，必将进一步提升组合导航的综合性能。

2.2　无人机的起飞与降落

无人机的起飞和降落，对于无人机的飞行安全十分重要。有过不完全统计，无人机系统的事故有 60% 以上发生在起降阶段。究其原因，大都是无人机系统的机长或驾驶员，对无人机起降阶段的正常程序和技术，以及应急飞行程序和技术的理解不透彻、掌握不熟练。因此，起降阶段的操控技术，对于无人机系统的安全运行至关重要。

无人机驾驶员分为飞行操作手和起降操作手两大类，前者是通过地面站界面、控制台上的鼠标和按键以及飞行摇杆操纵无人机的驾驶员，后者是通过专用的遥控器、外部控制盒操纵无人机的驾驶员。一般来讲，飞行操作手参与无人机起降阶段和巡航阶段操纵，起降操作手仅参与起降阶段操纵。多数的无人机系统都有这两类驾驶员，但少数的军用无人机系统不设置起降操作手，因为该无人机系统飞行器及地面站上安装有完善的全向视频显示系统，在起降阶段，飞行操作手使用飞行摇杆，可以完全替代起降操作手。出于安全考虑，少数军用无人机起降时，往往增设起降观察员或起降引导员。部分民用无人机系统出于简便和降低成本，飞行操作手无飞行摇杆硬件可用，仅通过鼠标、键盘来控制飞行。

起降阶段是无人机操纵中最难以控制的，起降控制程序应简单、可靠、操纵灵活，便于操纵人员直接通过操纵杆、开关和按键，快捷介入控制通道，控制无人机起降。由于无人机的类别及起飞质量不尽相同，其起飞降落的操纵方式也有所不同。

民用无人机系统的起降操纵，可采用自主控制、人工遥控或组合控制等模式进行控制。自主控制是指在起降阶段，操纵人员无须介入控制回路，无人机借助于机载传感器信息，或辅助必要的引导信息，由机载计算机执行程序控制，可自动完成无人机的起飞和回收控制；人工遥控是无人机驾驶员通过无线电数据链，利用地面站获取的无人机状态信息，发送无人机控制指令，引导无人机发射和回收。

无人机的起飞、降落方式和控制模式都有许多种，下面以 JL-6 型轮式民用小型无人机系统(简称 JL-6 无人机)为例，主要介绍人工遥控模式的无人机起降操纵技术，其采用的是姿态遥控或舵面遥控模式。

2.2.1 操纵无人机起降的技术训练

无人机起降的安全是操纵无人机起降的前提条件，安全的无人机起降依赖于机长、驾驶员过硬的操纵技术，这就需要机长、驾驶员花费较长的时间进行操纵技术训练。以轻型无人机教练-3 模拟器及实物训练系统为例，机长、驾驶员各个阶段的训练时间要求分别如下：

机长起降阶段操纵技术训练，不少于 30 h。其中：在模拟器实施系统检查程序，不少于 1 h；在实物训练系统实施系统检查程序，不少于 3 h；在模拟器实施正常飞行程序指挥，不少于 3 h；在实物训练系统实施正常飞行程序指挥，不少于 10 h；在模拟器实施应急飞行程序指挥，包括规避航空器、发动机故障、链路丢失、应急回收、迫降等，不少于 3 h；在实物训练系统实施应急飞行程序指挥，包括规避航空器、发动机故障、链路丢失、应急回收、迫降等，不少于 10 h。

驾驶员起降阶段操纵技术训练，同样不少于 30 h。其中：在模拟器实施飞行前检查，不少于 1 h；在实物训练系统实施飞行前检查，不少于 3 h；在模拟器实施正常飞行程序操作，不少于 3 h；在实物训练系统实施正常飞行程序操作，不少于 10 h；在模拟器实施应急飞行程序操作，包括发动机故障、链路丢失、应急回收、迫降等，不少于 3 h；在实物训练系统实施应急飞行程序操作，包括发动机故障、链路丢失、应急回收、迫降等，不少于 10 h。

2.2.2 起飞前的准备工作

俗话说，有备无患。无人机起飞前，机长或驾驶员必须认真细致地做好两项准备工作：一是了解无人机的性能，二是进行全面安全检查。

2.2.2.1 了解无人机性能

接下负责一套无人机系统的运行任务后，机长或驾驶员要做的第一件事情，就是了解并掌握其系统(目标无人机)的关键性能，特别是飞行相关性能。这些性能的内容是多方面的，而且不同型号无人机的性能不同。以 JL-6 无人机为例，机长或驾驶员需要了解并掌握的性能内容，包括着陆性能(见表 2-1)，飞行速度范围(见表 2-2)，飞行速度限制(见表 2-3)，发动机性能(见表 2-4)，收放起落架、襟翼对目标机的影响，节风门最小位置，等等。

表 2-1　JL-6 无人机着陆性能

襟翼/发动机条件	接地速度/(km·h⁻¹)	刹车/m	不刹车/m
不放襟翼/怠速	110	150	220
15°放襟翼/怠速	95	120	160
40°放襟翼/怠速	85	100	130
不放襟翼/灭车	110	140	210
15°放襟翼/灭车	95	100	140
40°放襟翼/灭车	82	70	100

表 2-2　JL-6 无人机飞行速度范围

高度/m	90 kg 空载/(km·h⁻¹)	130 kg 满载/(km·h⁻¹)
海平面	80～130	100～128
1 000	90～140	110～138
3 000	120～170	140～165

表 2-3　JL-6 无人机飞行速度限制

速　　度	限制/(km·h⁻¹)
俯冲最大允许速度(海平面)	170
失速速度(海平面、空载)	70
失速速度(海平面、满载)	90
机动速度(不放襟翼)	110
机动速度(40°放襟翼)	100
有利速度(海平面)	110

表 2-4　JL-6 无人机发动机性能

型　　号	工作状态	转速/(r·min⁻¹)	节风门/(%)	连续工作时间/min
林巴赫 L275-E	极限	7 000	115	5
	额定	6 500	100	不限
	低空稳定怠速	2 000	25	不限

收放起落架对无人机飞行的影响(以 JL-6 无人机为例)：

(1)在姿态遥控状态下，起落架收起后，全机阻力减小，速度会加快，应减小油门，保持空速在合理范围。

(2)在舵面遥控状态下，起落架收起后，机头会轻微上仰，应保持好飞行状态，并调整(松)升降舵。同时，全机阻力减小，速度会加快，应减小油门并保持空速在合理范围。

(3)在姿态遥控状态下，起落架放下后，全机阻力增加，速度会减小，应增大油门，保持空速在合理范围。

(4)在舵面遥控状态下，起落架放下后，机头会轻微下俯，应保持好飞行状态，并轻拉(收)升降舵进行调整。同时，全机阻力增加，速度会减小，应增大油门并保持空速在合理范围。

收放襟翼对无人机飞行的影响(以 J-6 无人机为例)：

(1)在姿态遥控状态下，襟翼收起后，全机阻力减小，速度会加快，注意观察即可。

(2)在航面遥控状态下，襟翼收起后，机头会轻微下俯，应保持好飞行状态，并轻拉升降舵进行调整。同时，全机阻力减小，速度会加快，注意观察即可。

(3)在姿态遥控状态下，襟翼放下后，全机阻力增加，速度会减小，应增大油门并保持空速在合理范围。特别是 40°放襟翼，需要给油门以较大的增量。

(4)在舵面遥控状态下，襟翼放下后，机头会轻微上仰，应保持好飞行状态，并轻推升降舵调整。同时，全机阻力增加，速度会减小，应增大油门并保持空速在合理范围。特别是 40°放襟翼，需要给油门以较大的增量。

节风门最小位置的把控：起飞前，飞行操作手和起降操作手调整好的最小节风门位置，就是起落的最小极限位置，任何时刻都不能使地面站控制面板和外控盒的节风门杆(旋钮)小于这个位置。

2.2.2.2　进行全面安全检查

飞行前，机长或驾驶员必须认真负责地对飞行器、控制站、通信链路、动力装置等进行全面检查，确保无人机性能良好，无安全隐患。这些检查中，部分检查需要由机务或专业地检人员执行。

飞行器检查的内容包括飞行器外观及对称性检查，飞行器称重及重心检查，航面结构及连接检查，起飞(发射)、降落(回收)装置检查，螺旋桨正反向及紧固检查。控制站检查的内容包括控制站电源、天线等的连接检查，控制站电源检查，控制站软件检查，卫星定位系统检查，预规划航线及航点检查。

通信链路检查的内容包括链路拉距或场强检查，飞行摇杆舵面及节风门反馈检查，外部控制盒舵面及节风门反馈检查。

动力装置的检查内容包括发动机油量检查，发动机油料管路检查，发动机外部松动检查，发动机启动后急速转速、振动、稳定性检查，发动机大车转速、振动检查，发动机节风门、大小油针、控制缆(杆)检查，发动机节风门跟随性检查，微型无人机不同姿态发动机稳定性检查，电动机进行正反转检查，动力装置启动后与其他系统的干扰检查。

2.2.3　飞行的基本动作

无人机飞行摇杆的常规操作方式与有人机类似，包括姿态遥控和舵面遥控功能。而在实际飞行中，飞行摇杆的舵面遥控功能极少使用。外部控制器的使用方式与航模遥控器类似，包括姿态遥控和舵面遥控功能。

2.2.3.1 地面滑行、爬升、定高平飞、下降的操纵

1. 地面滑行

地面滑行主要由起降操作手执行。姿态遥控和舵面遥控的操作手法一致，主要通过左手左右控制方向航摇杆操纵。

2. 爬升

爬升主要由飞行操作手执行，各高度爬升均保持节风门在 100%。爬升时，保持飞行状态的方法与平飞基本相同。

根据地面站地平仪位置关系，来检查与保持俯仰状态。根据当时的飞行高度将俯仰角保持到理论值（如+2°），使用姿态遥控控制。如俯仰角偏高或偏低，应柔和地向前顶杆或向后带杆，保持正常的位置关系。

大型、小型无人机爬升时，油门较大，螺旋桨扭转气流作用较强，左偏力矩较大，必须适当扭右舵，才能保持好飞行方向。

爬升中，如速度减慢太多，应迅速减小俯仰角。

长时间爬升，发动机温度容易升高，需要注意检查和调整。

3. 定高平飞

定高平飞指的是在固定高度平行飞行。平飞主要由飞行操作手执行，各高度平飞均保持节风门在适当位置（如 45%）。平飞时，应根据界面上的地平仪位置关系，判断无人机的俯仰状态和有无坡度；根据目标点方向，判断飞行方向；不断检查空速、高度和航向指示。同时，观察发动机指示，了解发动机工作情况，确保平飞中作用在无人机上的各力和各力矩均保持平衡。但是，在飞行中无人机的平衡状态经常受各种因素的影响，使飞行状态发生变化。对此，应及时发现和不断修正偏差，才能保持平飞。

为了保持无人机在飞行中的平衡，修正偏差的主要方法有以下几种：

（1）根据地平仪位置关系，检查与保持俯仰状态。根据当时的飞行高度，将俯仰角保持到理论值，使用姿态遥控控制。俯仰角或高或低时，应柔和地向前顶杆或向后带杆，保持好正常的位置关系。

（2）根据飞机标志在地平仪天地线上是否发生倾斜来判断飞机有无坡度。如有坡度，则向影响无人机倾斜的反方向适当压杆修正。无人机无坡度时，注意检查航向变化。如果变化较大，应向反方向轻轻扭舵杆，不使无人机产生侧滑。

（3）根据目标点方向与无人机轨迹方向，检查与保持飞行方向。如果无人机轨迹方向偏离目标点，应检查无人机有无坡度和侧滑，并随时修正。如果轨迹方向偏离目标 5°以内，应柔和地向偏转的反方向适当扭舵杆，当轨迹方向对准目标点时回舵。如偏离目标超

过 5°，应适当调整舵杆，使无人机对准目标。然后改平坡度，保持预定的方向。

（4）在侧风的影响下无人机往往会偏离目标。一旦发现此情况，应采用改变航向的方法修正。

4. 下降

无人机下降主要由飞行操作手执行，必须始终将节风门控制在适当位置（如 15%）。

下降时，保持飞行状态的方法与平飞基本相同，即根据当时的飞行高度，将俯仰角保持到理论值（如−3°），使用姿态遥控控制。当发现俯仰角或高或低时，应柔和地向前顶杆或向后带杆，保持正常的位置关系。

大型、小型无人机下降时，由于收小油门后，螺旋桨扭转气流减弱，无人机有右偏趋势，所以必须抵住左舵，以保持正确的飞行方向。下降速度过大时，应适当增加带杆力，减小下滑角。

2.2.3.2 平飞、爬升、下降等飞行状态转换的操纵

1. 爬升转平飞

从爬升状态转为平飞的时候，应注视地平仪，柔和地松杆，然后收油门至 45%。当地平仪的位置关系接近平飞时，保持杆不动，使无人机稳定在平飞状态。

设想在预定高度上将无人机转为平飞，则应在上升至该高度前 10～20 m 时，开始改平飞。

2. 平飞转下降

从平飞状态转为下降飞行的时候，应注视地平仪，稍顶杆，同时收油门至 15%。当地平仪的位置关系接近下降时，保持杆不动，使无人机稳定在下降状态。

3. 下降转平飞

从下降状态转为平飞的时候，应注视地平仪，柔和地加油门至 45%，同时拉杆。当地平仪的位置关系接近平飞时，保持杆不动，使飞机稳定在平飞状态。

在下降飞行过程中，如果要在预定高度上将飞机转为平飞，应在下降至该高度前 20～30 m 时，开始改平飞。

4. 平飞转爬升

从平飞转爬升的时候，应注视地平仪，柔和地加油门至 100%。同时，稍拉杆，转为爬升状态。当机头接近预定状态时，保持杆不动，使飞机稳定在爬升状态。

平飞、爬升、下降互相转换时，容易产生的偏差有以下三种情况：一是没有及时检查地平仪位置关系，造成带坡度飞行；二是操纵量大，造成飞行状态不稳定；三是飞行状态变换时，推杆、拉杆方向不正，干扰其他通道。

2.2.3.3 转弯的操纵

改变飞行方向的基本动作是转弯。转弯过程中，起着支配地位的主要是飞行的坡度。

坡度形成后，无人机即进入转弯状态；改平坡度时，转弯即停止。但在一定条件下的转弯中，坡度增大的同时，机头会向下俯，速度随即增大；坡度减小时则相反。可见，转弯的注意力主要应该放在保持坡度上，这是转弯的关键。

多数无人机需要方向舵的参与以进行协调转弯，可有效地减小转弯半径并减少侧滑。执行对地正射任务的无人机，必须进行无坡度转弯，此时操作方法是向转弯方向压方向舵，同时反打副翼以保证坡度水平。

1. 平飞转弯的操纵方法

转弯前，先观察地图，选好退出转弯的检查方向。接着，根据转弯坡度的大小，加油门 5%～10%，保持好平飞状态。然后，注视地平仪，协调地向转弯方向压杆扭舵，使无人机有合适的坡度（如 10°）。接近 10°时，稳住杆保持好坡度，使无人机均匀稳定地转弯。

转弯中的操纵，主要是保持好合适的坡度。如坡度大，应适当回杆回舵；如坡度小，则适当增加压杆扭舵量。机头过高时，应向转弯一侧的斜前方适当推杆并稍扭舵；机头低时，则应适当增加向斜后方的拉杆量并稍回舵。倘若在转弯过程中同时出现两种以上偏差的情况，应当首先修正坡度的偏差，接着修正其他偏差。

转弯后段的操纵，必须注意检查目标方向，判断退出转弯的时机。当无人机轨迹方向离目标方向为 10°～15°时，注视地平仪，根据接近目标方向的速度逐渐回杆。

2. 爬升中的转弯和下降中的转弯的操纵方法

爬升中的转弯和下降中的转弯操纵方法，与平飞转弯操纵方法基本一致，但有两点不同。一是爬升转弯节风门为 100%，转弯前，应保持好爬升状态；转弯中，注意稳住杆，防止机头上仰，保持好地平仪的位置关系；退出转弯后，保持好爬升状态。二是下降转弯节风门为 15%。转弯过程中，应当保持好下降状态。

3. 转弯时应当防止的偏差

转弯过程中操纵不当，一般会造成三种异常状态：进入和退出转弯时，动作不协调，产生侧滑；转弯中，未保持好机头与天地线的位置关系，导致速度增大或减小；转弯后段，未注意观察退出转弯的目标方向，以致退出方向不准确。

2.2.4 起落航线飞行

起落航线飞行由建立航线、起飞、着陆目测和着陆等动作组成，也叫五边航线飞行。起落航线飞行的特点是时间短、动作多，各动作之间联系紧密，准确性要求高。起落航线飞行的训练中，着陆目测和着陆是重点，必须在模拟器上或通过实物训练系统严格进行训练，严格要求，切实练好这一科目，为其他的飞行科目打下良好基础。

2.2.4.1 建立应急航线

无人机的遥控（起落航线）飞行，大都用于应急情况下，因此必须建立应急航线。起落应急航线的飞行是无人机操作手根据机场或应急着陆场位置,操纵无人机沿(应急)规划的航线飞行,并保持规定的高度、速度,以便准确地进行目测和着陆的飞行。

建立应急航线的内容包括检查飞行平台、发动机、机上设备有无故障状态及油量、电量,着陆或迫降场地、控制方式的选择,飞行操作手、起降操作手的交接时机和起落架、襟翼收放时机的确定。如果条件允许,要第一时间飞回本场上空。

2.2.4.2 航线飞行中的目测与操纵

航线飞行中的目测是飞行操作手根据当时的飞行高度以及无人机与降落地点的距离,进行目视判断,随后操纵无人机沿预定方向向预定的地点(通常为跑道中心)飞行的过程。目测是为了使无人机在预定着陆地点前后有限的一定范围内触地。没有飞到这一范围内就触地的,叫目测低;超过这一范围才触地的,叫目测高。

无人机的目测与有人机相比,不同之处有两点:一是有人机是从飞机上观察着陆场,无人机是从着陆场观察飞机;二是有人机驾驶员可自行观察仪表参考值,无人机起降操作手通过地面人员通告仪表参考值。

在水平能见度大于 1 000 m 时,目测由起降操作手决断;三转弯前,无人机交于起降操作手控制,在水平能见度小于 1 000 m 时,目测由飞行操作手决断;四转弯后,无人机交于起降操作手控制。

航线飞行中目测的重点是决断着陆方向和三转弯、四转弯的位置,并注意气象条件的变化,随时调整目测。

2.2.4.3 三转弯时的目测与操纵

三转弯的时机、角度、高度,都会影响目测的准确性,因此,必须把三转弯点安排到跑道外侧(即地面站的另一侧),飞行高度控制在 100~150 m 之间。

转弯前,注意观察三、四转弯之间有无高大障碍物遮蔽视线或通信,同时选择四转弯点,作为退出三转弯的检查目标。判断进入三转弯时机时,应考虑第四边航线长短、航线和着陆标线交叉与无人机纵轴和着陆标志线交叉所造成的影响,并作必要的修正。

三转弯过程中,应保持好飞行状态,适时检查空速、高度,转弯坡度为 20°,速度为 110 km/h。退出转弯后保持平飞状态,并检查高度、速度是否对正预定的第四转弯点,该点与着地点的距离是否适当,跑道上有无障碍物等,观察无人机飞行状态,判断下滑时机。

当无人机与跑道延长线的夹角为 25°~30° 时,收油门至合适位置,推杆下滑,保持 110 km/h 的速度。特别需要注意的是控制好进入四转弯的高度、位置,判断进入四转弯的时机。

2.2.4.4 三转弯后的判断与修正目测的方法

三转弯后至四转弯前的飞行中,主要是根据无人机能否对正预定的四转弯点、保持预定的高度来判断与修正目测。四转弯点的位置是由三转弯的时机和角度决定的，四转弯高度是由下滑时机和动作决定的。

三转弯后，如高度正常而航迹未对正预定的四转弯点、靠近或远离着陆点，则表明目测高或目测低，应向航线外侧或内侧转一个角度进行修正。转弯的角度一般不应超过 20°，并应注意其对四转弯进入时机的影响。

三转弯后，如无人机的航迹正常，而高度高于 150 m 或低于 100 m 时，转入下滑的时机应提前或延迟。下滑中，如果预估四转弯时的高度将高于预定的高度，则应及时收小油门，必要时可收至 20%，增大下滑角；反之，应适当地加大油门，减小下滑角，必要时可转为平飞进行修正。待接近预定高度时，再转为正常下滑。

2.2.4.5 四转弯的目测与操纵

无人机进入四转弯的节点是，无人机与跑道延长线的夹角为 10°～15°时，无人机高度为 80～100 m，速度为 110 km/h，坡度正常为 20°，最大不超过 30°。同时，应考虑到四转弯的角度，如转弯角度大于 90°，应适当提前，否则适当延迟。

转弯过程中，应当注意无人机接近跑道延长线的速度和转弯剩余角（跑道延长线与无人机纵轴的夹角）的减小程度是否相适应，保持好飞行状态，适时地检查速度、高度，发现偏差应及时修正。

进入正常四转弯后，当转弯剩余角为 25°～30°时，无人机应正好在跑道外侧边线上。如果无人机接近跑道延长线较快，而转弯剩余角减少较慢，表明进入已晚，应立即增大坡度和转弯角速度。反之，则应适当减小坡度，调整转弯半径，以便退出转弯时能对正跑道。

起降操作手进行四转弯退出时，退出点的位置应当距着陆点 200 m、高度 30 m；飞行操作手进行四转弯退出时，退出点的位置应当距着陆点 500 m、高度 60 m。

退出四转弯后，由起降操作手控制无人机，飞行操作手在此之前向起降操作手间隔报空速（2 s/次），起降操作手稍推杆，控制住俯仰角，对准下滑点。这时的下滑点位于距着陆点 50 m 的跑道中心线上。油门收至 15%，速度保持在 120 km/h。

当下滑线正常时，应注意检查速度。如速度大，表明目测高，应适当收小油门；反之，则应适当加大油门。加、减油门时，应及时用舵，使无人机不带坡度和侧滑，对正跑道下滑。下滑至 10 m 高度时，做好着陆准备，即检查下滑速度，看是否向预定的下滑点下滑，并根据目测判断收怠速油门的时机；检查下滑方向，看是否正对跑道，观察跑道上有无障碍物。

2.2.4.6 四转弯后判断与修正目测的方法

四转弯后如发现目测稍高或稍低，一般不改变下滑点位置，应适当地收小或加大油门，保持好与当时气象条件相适应的下滑速度，飞向预定下滑点。

目测过低时，应在加大油门的同时，适当增加带杆量(姿态遥控为回杆量)，减小下滑角，必要时平飞一段时间。当接近正常下滑线时，再重新对准下滑点，适当收小油门，保持好下滑角和相应的速度，对准预定下滑点下滑。目测过高时，修正方法相反。

修正目测加、收油门的量，主要根据偏差和当时的气象条件确定。偏差大，加、收油门量相应大一些；反之，则小一些。风速较大或气温较低时，如目测低，加油门量相应大一些；如目测高，收油量则不应多。风速小或气温高时则相反。

开始收油门的时机和收油门动作的速度，以及收怠速油门的时机，应根据当时无人机的实际下滑点和预定下滑点是否一致来确定。收油门的动作应柔和均匀，通常在转入平飘时，将油门收完。

如果实际下滑点在预定下滑点后面，当时的高度低于预定高度，速度小、下沉快，逆风较大等情况时，收油门的时机应适当延迟，收油门的动作应适当减慢，但在主轮接地前应收完。如果实际下滑点在预定下滑点前面，那么操纵动作相反。

2.2.4.7 影响目测准确性的气象因素

影响目测准确性的气象因素，包括风和气温等，目测时必须引起注意。三转弯的时机和转弯角度要根据当时的气象情况做必要的调整。转弯后，还要经常检查航迹和飞行高度，发现偏差及时修正。

逆风着陆时，由于风的影响，三转弯后往往会使无人机逐渐远离着陆点，四转弯后会使下滑距离和平飘距离缩短，风速愈大，影响愈大。顺风着陆时，情形则相反。因此，逆风较大时，目测容易低(即提前接地)；顺风着陆时，目测容易高(即推迟接地)。

气温较高时飞行，跑道上空的上升气流明显，会使下滑距离和平飘距离增大，这时的目测容易偏高。气温低时则相反，目测容易低。

下滑方向虽不能直接影响目测的准确性，但当下滑方向偏差较大时，就会分散操作手的精力。另外，修正方向偏差时，也容易造成下滑点、下滑速度的变化，从而造成判断和修正目测的困难。

总之，影响目测的因素来自多方面，气象条件的影响是客观存在的，其他因素则可以通过操作手去控制。目测时，操作手必须根据当时的气象情况，控制好三、四转弯点的位置和高度，保持好预定的下滑点、下滑速度和下滑方向，准确地使用油门。这样，才能使无人机沿预定的下滑线降落于预定的地点。

2.2.4.8 下滑方向的判断与修正

四转弯后的下滑方向，不仅影响无人机的着陆方向、着陆动作，而且会影响目测的判断与修正。假设起降操作手的站位在内侧跑道边缘线上，野外起降点跑道宽度为 12 m，无人机翼展为 6 m，这时首先应判断无人机是否在跑道中心线延长线上。如果无人机下滑过程中，近侧翼尖和内侧跑道边缘线的距离始终接近半翼展，即接近跑道中心线，则还要检查无人机纵轴是否与着陆方向一致。

如果无人机偏离跑道中心线延长线较多，应当马上压杆压舵，操纵无人机飞向跑道中心线，待无人机接近跑道中心线时，再根据当时交叉角的大小，适当提前压杆压舵，使无人机纵轴与中心线重合。如果无人机在跑道中心线延长线上，只是纵轴与中心线略有交叉，应柔和地压舵修正，使无人机纵轴与着陆方向一致。在 0.5 m 以下低空修正方向时，仅使用方向舵，防止坡度过大，翼尖擦地。

需要特别注意的是，下滑至高度 3 m，仍未进入跑道或目测过高、过低时，应果断复飞。禁止用改变无人机接地姿势的方法，延长或缩短平飘距离来修正目测偏差。

2.2.4.9 特定条件下的起落航线飞行

特定条件下的起落航线飞行，指的是在侧风、大逆风、顺风等条件下进行的起落航线飞行。这种飞行与在一般逆风条件下进行的起落航线飞行相比较，既有相同点，又有不同点。因此，只有注意了彼此不同的特殊点，才能保证在不同的条件下，正确地进行起落航线飞行。

1. 侧风起落航线飞行

航线飞行中，无人机因受侧风的影响，会产生偏流和改变地速，使无人机偏离预定的航迹。因此，三转弯后，应使无人机航迹对正预定的四转弯点。当无人机处于顺侧风时，地速增大，收油门下滑和进入四转弯的时机均应适当提前，或适当增大四转弯的坡度；当无人机处于逆侧风时，要退出四转弯，使无人机对正跑道中心线。侧风较大时，也可将无人机位置稍靠近侧风方向的一侧。

下滑及着陆时修正侧风影响的方法有以下两种。

一是用侧滑的方法修正，即退出四转弯后，应根据无人机偏离跑道的状况判明偏流的方向及影响，及时向侧风方向压杆形成坡度，并压反舵制止无人机转弯，使无人机纵轴与着陆标志线平行，当侧滑角与偏流角相适应时，无人机即对正跑道中心线下滑。下滑中，由于各高度上的风向、风速可能不一致，应经常检查下滑方向，及时改变修正量，始终对正跑道中心线下滑。在用侧滑修正时，下降率增大，目测容易低，应适当加油门修正。消除侧滑后，应适当收小油门，防止目测高。着陆时，应根据侧风影响的大小，在拉平中或即将接地时改平坡度，并适当地回舵，使无人机以两点姿势平稳接地。接地后，应及时向侧风反方向压舵，保持好滑跑方向。

二是用侧滑与改变航向相结合的方法修正。修正侧风较大时，往往用此方法修正。采用该方法修正时，退出第四转弯的时机应根据风向适当提前或延迟(左转航线飞行时，跑道右侧风提前，跑道左侧风延迟)，以便退出第四转弯后，机头朝向侧风方向的跑道边附近，形成一个航向修正角进行下滑。然后，向侧风方向适当压杆并压反舵，制止无人机转弯，形成一个侧滑角。当航向角和侧滑角与偏流角适应时，无人机即沿着跑道中心线的延长线下滑。若无人机还有偏离跑道中心线的现象，则应适当增减侧滑角或航向角，直到无人机不再偏离跑道中心线为止。无人机即将接地时，将坡度改平。接地后，及时向侧风的反方向适当压舵，使无人机纵轴与跑道平行，保持好滑跑方向。

2. 大逆风起落航线飞行

大逆风起落航线的飞行操纵比较复杂，应当在不同飞行阶段及时采取相应的操作方法确保飞行正常安全。

三转弯时机应适当提前，以便四转弯点距离降落点比正常略近一些。三转弯后，适当延迟下滑时机，进入四转弯的高度应比正常风速时略高。

四转弯后，地速减小，下滑角增大，下滑点应适当前移，并及时加大油门，保持相应的速度下滑。大逆风飞行时，目测容易低。当速度小时，要适当多加些油门；当速度稍大时，收油门量不宜过多。

下滑速度较大，舵面效用较强。这时要认真看好地面，开始拉平的时机应比正常稍晚，拉杆动作应柔和，防止拉平时高度大于 0.5 m（即拉平高）。

拉平后，速度减小较快，平飘距离缩短。因此，收完油门的时机不要提前，收油门动作更应柔和均匀，以免平飘时无人机下沉过快。

平飘前段，速度较大，无人机下沉较慢，拉杆的动作应柔和，防止拉飘速度减小到一定程度时无人机下沉较快，应根据无人机接近地面的速度快慢，及时适量地拉杆。

平飘中，如果气流不稳，无人机可能产生突然飘起、突然下沉、突然偏转等现象。此时，必须审时度势，沉着地进行修正。

着陆后，速度减小快，刹车不要太早。

3. 顺风起落航线飞行

顺风起落航线飞行与侧风、逆风起落航线飞行的情况大不一样，飞行中各个阶段的操纵方法明显不相同，甚至相反。

进入三转弯的时机应适当延迟，转弯的角度应适当减小，使四转弯点距着陆点的距离适当远一些。进入四转弯的高度应比正常稍低，因此，油门下滑和进入时机应适当提前。

四转弯后，地速增大，下滑角减小。这时，下滑点应适当后移，下滑速度比正常小一些。调整下滑速度时，加油门量应注意不要多，收油门的时机应适当提前。

下滑速度较小，舵面效用较弱，在拉平过程中，拉杆动作应及时、适量，防止结束拉平时的高度低于 0.5 m（即拉平低）。

地速较大，平飘距离较长，在平飘过程中，应特别注意判断无人机下沉速度，柔和地及时拉杆，防止拉飘和跳跃。

着陆滑跑过程中，应及时刹车，以免滑跑距离过长；应注意避开机场边的障碍物，避免与障碍物相撞。

2.2.5 着陆

无人机着陆，指的是无人机从一定高度（一般为 10 m）下滑，并降落于地面直至滑跑停止的运动过程。无人机着陆分为四个阶段，即下滑、拉平、平飘接地和着陆滑跑。

2.2.5.1 着陆的一般操纵方法

一般情况下的无人机着陆的操纵方法是：无人机下滑至高度 10 m（应凭目测判断，根据无人机翼展估测），保持好下滑角，判断无人机的高度和接近地面的速度，以便及时地进行拉平。姿态遥控下的拉平是将升降速度控制为 0。

下滑至高度 3 m，开始拉平。根据无人机离地的高度、下沉的速度和无人机状态，相应地柔和拉杆（姿态遥控为回杆再拉杆），使无人机随着高度的降低而逐渐减小俯角和下降率；在 0.5 m 高度上转入平飘。

无人机转入平飘（不下沉也不飘起）后应稳住杆，判明离地高度。根据无人机下沉的速度、仰角的大小和即时的高度，相应地继续柔和拉杆。

平飘前段速度较大，下沉较慢，拉杆量应小一些。平飘后段速度较慢，下沉较快拉杆量应适当增大。同时，随着无人机的下沉，相应地增大仰角，在 0.2 m 的高度上，拉成正常两点姿势。

平飘过程中，仍注意检查与保持好飞行方向，并使无人机不带坡度和产生侧滑。无人机在 0.2 m 的高度上成两点接地姿势后，应随着无人机的下沉继续柔和地拉杆，保持住两点姿势，使主轮轻轻接地（此时无人机速度控制在 80～90 km/h 之间，接地的瞬间，由于地面对主轮的反作用力和摩擦力对无人机重心形成下俯力矩，因此必须稳住杆，以保持接地时两点姿势不变。无人机进入两点滑跑后，仍应稳住杆，控制方向舵保持滑跑方向，同时起降操作手报接地信息。随着速度的减小，机头自然下俯，待前轮接地后，将升降舵推过中立位置。

着陆滑跑后段，不仅要继续稳住方向舵，还应进行微量修正，以保证无人机沿中心线滑行，在速度小于 40 km/h 后刹车。

2.2.5.2 着落中的地面观察、油门把控、飞机拉平

着陆是无人机起落航线飞行中的最重要一环。要做好着陆，就应当正确地观察地面关系，掌握好收油门动作，准确地把无人机拉平。

1. 正确地观察地面关系

正确地观察地面关系是做好着陆的基础。着陆时，无人机高度、速度、状态、下降率等随时都在变化，只有正确地观察地面关系，才能判明这些变化的情况，相应地操纵杆舵，顺利着陆。

观察地面关系，为的是判断高度、下沉情况、飞行状态和运动的方向，同时了解速度和目测的情况，以便准确地操纵飞机着陆。但着陆的各个阶段的注意力应各有侧重，并兼顾其他。下滑至高度 10 m 时，着重判断无人机离地的高度和接近地面的速度，确定开始拉平的时机。拉平过程中，着重注意高度的降低和下降率的减小是否适应。平飘时，注意无人机离地的高度和下沉情况，后段还要适当注意无人机俯仰姿态。如果拉平前飞行方向与跑道有交叉，那么应在判断开始拉平时机的同时，还要修正好方向，以便既不延误开始拉平的时机，又能修正好方向的偏差，从而做好着陆。

初学飞行的，每次着陆都要按照规定的要求观察地面关系，切忌乱变，只有这样，才能形成正确反射。要深刻理解观察地面关系的意义，熟练掌握判断方法。起降操作手站姿要端正，将外部控制盒放于腰部高度，不要抱于胸前。

2. 掌握好收油门的动作

着陆收油门动作的基本要领：适时、柔和而均匀。掌握好收油门的这些动作要领是做好着陆的重要条件，这既是为了准确地做好目测，也是为了逐渐降低飞行速度，配合拉平动作使无人机以正常的速度和状态转为平飘。收油门过早、过粗，速度降低快，使拉平时的速度小，无人机下沉快，容易拉平低或者进入平飘时的仰角较大；反之，容易拉平高、拉飘或者平飘仰角较小。这些动作均不利于正常着陆。

实践证明，收油门必须注意做到以下三点：

(1)在目测正常的情况下，收油门时机早一些，可以慢慢地收，也可停一停再收。收晚了势必造成动作粗暴而影响着陆动作。

(2)收油门的过程拉长一些为好，因为拉长了可以使动作柔和、速度小而均匀，有利于无人机着陆。

(3)收完油门的时机要准确，保证无人机由正常速度和正常状态转为平飘。目测正常时，通常是在结束拉平时收完油门。

3. 准确地把飞机拉平

着陆的关键动作是准确地把飞机拉平，只要掌握了拉平动作，就比较容易学会着陆了，而且这对保证飞行安全也极为重要。

无人机开始拉平的时机和拉杆(姿态遥控为回杆再拉杆)动作的快慢与分量，直接影响正常拉平轨迹和无人机转入平飘的高度。开始拉平的时机是根据当时无人机的俯角和下降的速度而定的。无人机以正常的下滑角下滑时，下滑至 3 m 高度时应开始拉平，使无人机随着高度的降低逐渐减小下滑角，在 0.5 m 的高度上平飘。如果拉平前无人机的俯角大、下降快，开始拉平的时机应稍早一些；反之，开始拉平的时机应稍晚一些。

在拉平的过程中，拉杆的速度和分量，必须与当时无人机的离地高度、下降速度和飞行状态相适应。下降快，拉杆亦应快一些；反之，则慢一些。如果高度高于 0.5 m 较多，无人机就要转入平飘，即应暂停拉杆；反之，即将接近 0.5 m 高度，无人机下降仍较快，则应适当多拉一点，其目的都是使无人机下降至 0.5 m 高度时转为平飘。总而言之，必须按照实际情况，主动地、有预见性地、机动灵活地去操纵无人机，才能顺利着陆。

2.2.5.3 着陆偏差的修正方法

在无人机着陆操控的过程中，错误、偏差是难免的。基于此，了解产生偏差的原因，熟练地掌握着陆偏差的修正方法显得尤为重要，它是关系到着陆安全的大事。

1. 着陆偏差产生的主要原因

长期的无人机着陆情况分析研究表明，产生着陆偏差的原因是多方面的。

一是精神过分紧张，对着陆存有顾虑，因而注意力分配不当，操纵动作犹豫不决。

二是着陆条件不好。例如：目测高容易拉平高；目测低、速度小容易拉平低或跳跃；油门没有收完、速度大容易拉平高或拉飘；下滑方向不好，易分散察看地面的精力，造成着陆偏差。

三是转移视线看地面的时机、角度、距离不固定或不正确。

四是机械拉杆、粗猛拉杆等因素造成着陆偏差。

2. 着陆偏差的修正方法

一旦出现着陆偏差，必须看好地面，判明离地高度、下沉速度、无人机状态，遵守操纵规则，沉着果断地修正。各种着陆偏差修正的具体方法，因情而异。

（1）拉平低的修正方法。

拉平低指的是无人机结束拉平时的高度低于 0.5 m。拉平过程中一旦发现有拉平低的趋势时，应适当地增大拉杆量，使无人机在 0.5 m 高度转入平飘。如果拉杆动作较快、量较大，无人机在刚转入平飘时则有向上飘起的风险，应注意防止。

虽然拉平低，但高度在 0.3 m 以上时，可按正常方法着陆。如果高度在 0.3 m 以下，应特别注意准确地判断高度和无人机下沉情况，随机应变。当无人机有下沉趋势时，在不使无人机飘起的情况下，及时适量地拉杆，以增大仰角，使无人机以正常两点姿势接地。如果无人机下沉较快，以较小的两点姿势接地时，应注意稍拉住杆，保持住两点姿势，防止前轮撞地。但也要防止接地时拉杆过量而跳跃。

如结束时拉杆过低而速度较大时，应适当地多拉一点杆，避免三点接地。如果已经三点接地，应及时稳住杆，避免无人机跳起。

（2）拉平高的修正方法。

拉平高指的是无人机结束拉平时高度大于 0.5 m。拉平过程中一旦发现有拉高的趋势，应迅速停止拉杆或减小拉杆量，让无人机下沉。然后，根据无人机离地的高度、下沉的速度和俯仰状态，柔和、均匀地拉杆，使无人机在 0.5 m 高度上转为平飘。

如果无人机在拉平高时随即下沉，应当稳住杆，待无人机下沉到 0.5 m 时，再柔和拉杆，正常着陆；如果无人机不下沉，应当稍松杆，且注意收完油门，待到无人机缓慢下沉到 0.5 m 时再正常着陆。

如果拉平高度在 3 m 以上，又未能及时修正，应当进行复飞。

（3）拉飘的修正方法。

拉飘指的是在拉平或平飘过程中，无人机向上飘起的现象。一旦发现拉飘时，应立即柔和地推杆或松杆，制止无人机继续上飘。制止无人机上飘后，应迅速判明高度。0.5 m以下且仰角不大时，应稳住杆，待无人机下沉，再柔和地拉杆，正常着陆；0.5 m以上或仰角较大时，应柔和地稳杆或松杆，减小仰角，使无人机缓慢下沉，然后正常着陆。

（4）跳跃的修正方法。

跳跃指的是无人机接地后跳离地面的现象。一旦发现无人机跳离地面，应稳住杆，迅速判明离地的高度和无人机状态，采取相应修正方法。

如果无人机跳跃没有超过 0.5 m，且仰角不大，那么应轻拉住杆，待无人机下沉时，正常着陆。

如果跳离地面的高度有超过 0.5 m 的趋势或仰角较大，那么应立即适当地推杆或松杆，不使无人机跳起过高或仰角过大。当无人机下沉时，柔和地拉杆，正常着陆。

如因修正侧风不当，带偏流接地并跳跃时，除按跳跃处理外，还应向偏流的反方向（侧风方向）适当压坡度，并轻打反舵，避免重新带偏流接地。

2.2.5.4 复飞的条件及操作方法

复飞是在不具备着陆条件时，不勉强着陆而采取的一种应急措施。成功的复飞取决于具备了复飞的条件和正确地采取了复飞的操纵方法。

1. 复飞的条件

复飞的条件：飞行指挥员命令复飞时；跑道上有无人机或其他障碍物影响着陆安全时；高度低于 3 m 还未进入跑道或目测过高、过低，未做好着陆准备时；着陆航向偏差较大，且未及时修正时；其他情况认为必要时。

2. 复飞的操纵方法

复飞的操纵方法：决定复飞后，及时、柔和地加满油门，保持好方向，同时柔和地拉杆，使无人机逐渐转入爬升状态；低高度复飞时，在加油门的同时，应当观察好前方地面（高度 2 m 以下，无人机下沉时，还应继续做着陆动作），待加满油门无人机转入爬升后，再将注意力转移至远方。

复飞后，在 40°放襟翼、起落架放下的情况下，节风门保持 100%；如需收襟翼，因升力系数下降，无人机要下沉，应适当地拉杆，以免无人机下降高度过多。

2.2.5.5 着陆后的工作

无人机着陆后，首先要做的工作是进行必要的各项检查。这些检查工作包括对飞行器的外观进行检查、对无人机系统电量进行检查、燃油动力飞行器需要称重检查、下载飞行参数并检查。发现问题要做好记录并妥善处理。

无人机着陆后还要做的工作是检讨飞行执行过程，填写飞行日志或记录本。

2.3 无人机的稳定性操控

在飞行中，无人机经常会受到各种各样的扰动，如气流的波动、发动机工作不稳定、操作人员不小心触动驾驶杆等。这些扰动会使无人机偏离原来的平衡状态，而在扰动消失以后，无人机能否自动恢复到原来的平衡状态，就是有关无人机稳定性的问题。如果不经驾驶员操纵，无人机能自动恢复到原来的平衡状态，那么说明无人机是稳定的；如果不能恢复或者更加偏离原来的平衡状态，那么说明无人机是不稳定的。

2.3.1 不同向无人机的稳定性

无人机在空中飞行，可以产生俯仰运动、偏航运动和滚转运动。无人机绕横轴的运动为俯仰运动，绕立轴的运动为偏航运动，绕纵轴的运动为滚转运动。根据无人机绕机体轴的运动形式，无人机飞行时的稳定性可分为纵向稳定性、方向稳定性和横向稳定性。

2.3.1.1 纵向稳定性

无人机受到微小扰动而偏离原来纵向平衡状态（俯仰方向），在扰动消失以后，能够自动恢复到原来纵向平衡状态的特性，称作无人机的纵向稳定性。其实，无人机的纵向稳定性是指无人机绕横轴的稳定性。因为在无人机处于平衡飞行状态时，如果有一个小的外力干扰，使它的攻角变大或变小，使它抬头或低头，便会绕横轴上下摇摆，也称为俯仰运动。在外力消失后，操作人员如果不操纵无人机，而靠无人机本身产生一个力矩，使它恢复到原来的平衡飞行状态，我们就说这架无人机是纵向稳定的。如果无人机不能靠自身恢复到原来的状态，就称为纵向不稳定的。如果它既不恢复，也不远离，总是上下摇摆，就称为纵向中立稳定的。

无人机的纵向稳定性也称为俯仰稳定性。无人机重心在焦点之前，来保证无人机的纵向稳定性。影响无人机纵向稳定性的主要因素有无人机的水平尾翼和无人机的重心位置。水平尾翼对无人机的纵向稳定性的影响是，当无人机以一定的攻角稳定地飞行时，如果一阵风从下吹向机头，使无人机机翼的攻角增大，无人机抬头。阵风消失后，由于惯性的作用，无人机仍要沿原来的方向向前冲一段距离。这时水平尾翼的攻角也跟着增大，从而产生了一个低头力矩。无人机在这个低头力矩的作用下，机头下沉。经过短时间的上下摇摆，无人机就可恢复到原来的飞行状态。同样，如果阵风从上吹向机头，使机头下沉，无人机攻角减小，水平尾翼的攻角也跟着减小。这时水平尾翼上产生一个抬头力矩，使无人机抬头，经过短时间的上下摇摆，也可使无人机恢复到原来的飞行状态。

无人机的重心位置对纵向稳定性也有较大的影响。重心靠后的无人机，其纵向稳定性要比重心靠前的差。其原因是重心与焦点距离小，攻角改变时产生的附加力矩减小。对于重心靠后的无人机，当无人机受扰动而增大攻角时，机翼产生的附加升力使机头上仰，攻角进一步增大，形成不稳定力矩。这时主要靠水平尾翼的附加升力使机头下俯，攻角减小，保证了无人机的纵向稳定性。

2.3.1.2 方向稳定性

无人机的方向稳定性是指无人机绕立轴的稳定性。无人机的方向稳定力矩是在侧滑中产生的。所谓侧滑，是指无人机的对称面与相对气流方向不一致的飞行。它是一种既向前方又向侧方的运动。无人机带有侧滑时，空气从无人机侧方吹来。这时，相对气流方向与无人机对称面之间的夹角称为"侧滑角"，也称"偏航角"。对无人机方向稳定性影响最大的是垂直尾翼。另外，无人机机身的侧面迎风面积也起到了相当大的作用，其他如机翼的后掠角、发动机短舱等也有一定的影响。当无人机稳定飞行时，不存在偏航角，处于平衡状态。如果有一阵风突然吹来，使机头向右偏（此时，相对气流从左前方吹来，称为左侧滑），便有了偏航角。阵风消除后，由于惯性作用，无人机仍然保持原来的方向，向前冲一段距离。这时相对风吹到偏斜的垂直尾翼上，产生一个向右的附加力。这个力便绕无人机重心产生一个向左的恢复力矩，使机头向左偏转。经过一阵短时间的摇摆，消除偏航角，无人机恢复到原来的平衡飞行状态。同样，当无人机出现右侧滑时，就形成使无人机向右偏转的方向稳定力矩。可见，只要有侧滑，无人机就会产生方向稳定力矩，而方向稳定力矩总是要使无人机消除偏航角。

2.3.1.3 侧向稳定性

无人机的侧向稳定性是指无人机绕纵轴的稳定性。处于稳定飞行状态的无人机，如果有一个小的外力干扰，使机翼一边高一边低，那么无人机绕纵轴发生倾侧。在外力消失后，无人机靠自身产生一个恢复力矩，而不靠操作人员的帮助，自动恢复到原来的飞行状态，这时这架无人机就是侧向稳定的，否则就是侧向不稳定的。保证无人机侧向稳定性的因素主要有机翼的上反角和后掠角，先来看上反角的侧向稳定作用。当无人机稳定飞行时，如果有一阵风吹到无人机左翼上，使左翼抬起，右翼下沉，无人机绕纵轴发生倾侧，这时无人机的升力也随着倾侧。而升力原来是同无人机重力同处于一条直线上且彼此相等的。升力倾侧后与重力构成一个合力，使无人机沿着合力的方向向右下方滑过去，这种飞行动作就是"侧滑"。

无人机侧滑后，相对气流从与侧滑相反的方向吹来。吹到机翼上以后，由于机翼上反角的作用，相对风速与下沉的那只机翼（这里是右翼）之间所形成的攻角，要大于上扬的那只机翼的攻角。因此，前者产生的升力也大于后者的升力。这两个升力之差，对无人机重心产生了一个恢复力矩，经过短时间的左右倾侧摇摆，就会使无人机恢复到原来的飞行状态。上反角越大，无人机的侧向稳定性就越好；相反，下反角则起侧向不稳定的作用。现代无人机机翼的上反角为 $7°\sim-10°$。负上反角就是下反角。

机翼的后掠角能够起到侧向稳定的作用。一架后掠角机翼（无上反角）的无人机原来处于稳定飞行状态，当阵风从下向上吹到左机翼上时，破坏了稳定飞行，无人机左机翼上扬，右机翼下沉，机翼侧倾，升力也随着侧倾而与无人机重力构成合力。无人机便沿着合力所指的方向发生侧滑。阵风消失后，无人机沿侧滑方向飞行。这时沿侧滑方向吹来的相对气流，吹到两边机翼上，由于后掠角而产生不同的效果。作用于两边机翼上的相对风速虽然相同，但由于后掠角的存在，作用到前面的机翼（这里是右翼）上的垂直分速，大于作用于落后的那只机翼上的垂直分速。而这两个分速是产生升力的有效速度。另外两个平行于机翼前缘的分速对于产生升力不起什么作用，可不加考虑。既然作用于前面的机翼上的垂直分速大于作用于落后的机翼上的垂直分速，所以下沉的那只机翼上的升力要大于上扬的机翼上的升力。二者之差构成恢复力矩，它正好使机翼向原来的位置转过去。这样经过短暂时间的摇摆，无人机便恢复到原来的稳定飞行状态。机翼的后掠角越大，恢复力矩也越大，侧向稳定的作用也就越强。如果后掠角太大，就可能导致侧向过于稳定，因而就有必要采用下反角了。

保证无人机的侧向稳定作用，除了机翼上反角和后掠角两项重要因素外，还有机翼和机身的相对位置。上单翼起侧向稳定的作用，下单翼则起侧向不稳定的作用。此外，无人机的展弦比和垂直尾翼对侧向稳定性也有一定的影响。无人机的侧向稳定性和方向稳定性，是紧密联系并互为影响的，二者合起来称为无人机的"横侧稳定"。二者必须适当地配合，过于稳定和过于不稳定都对飞行不利。同时，二者配合得不好，如方向稳定性远超过侧向稳定性，或者相反，都会使得横侧稳定性不好，甚至使无人机陷入不利的飞行状态。

2.3.2 无人机的操纵性

无人机的操纵性是指无人机在驾驶员操纵的情况下，改变其飞行姿态的特性。无人机在空中的操纵是通过三个操纵面——升降舵、方向能和副翼来进行的。转动这三个操纵面，在气流的作用下，就会对无人机产生操纵力矩，使其绕横轴、立轴和纵轴转动，从而改变无人机的飞行姿态。

2.3.2.1 无人机的纵向操纵

无人机的纵向操纵是指控制无人机绕横轴的俯仰运动，它是通过向前或向后推拉驾驶杆，使升降舵向下或向上偏转来实现的。现代无人机升降舵的偏转角度在 $15°\sim-30°$（升降舵向下偏转时的角度规定为正值）之间。大型运输机的偏转角要小一些，一般在 $15°\sim-20°$ 之间。

2.3.2.2 无人机的方向操纵

无人机的方向操纵是指无人机绕立轴的偏航运动。驾驶员通过操纵方向舵来进行无人机的方向操纵。无人机方向舵一般可以向左或向右偏转 30°。

2.3.2.3 无人机的侧向操纵

无人机的侧向操纵是指无人机绕纵轴的滚转运动。驾驶员通过向左或向右操纵驾驶杆(盘)来进行无人机的侧向操纵。无人机的侧向操纵与纵向或方向操纵有一点不同,即副翼有两片,并且转动方向是相反的,一片副翼向上偏转,另一片副翼则向下偏转。由此产生的附加力,对无人机重心产生一个滚转力矩,便可使无人机绕纵轴倾侧。当无人机处于平衡飞行状态时,作用在无人机上的外力和外力矩都是互相平衡的。如果驾驶员要使无人机向左倾侧,可把驾驶杆向左摆动,这时右边的副翼与相对气流之间的夹角(攻角)增大,所以右机翼上的升力也增大;而向上偏转的左副翼与相对气流之间的夹角(攻角)减小,所以左机翼上的升力也减小。于是,两个升力之差,对无人机重心构成了一个滚转力矩,使无人机向左倾侧。如果驾驶员向左摆动驾驶杆,就会产生相反的结果,使无人机向右倾侧。现代无人机的副翼向上偏转为 20°~25°(规定为负值),向下偏转为 10°~15°(规定为正值)。

2.3.2.4 荷兰滚的操纵

如果垂尾面积太小,且机翼上反角较大,就会发生荷兰滚和侧向振荡。无人机如果受到侧风的干扰,就会有侧滑趋势。上反角作出响应,使无人机滚转来阻止侧滑,抬高了"朝向侧滑一边"的机翼。然而,如果垂尾过小,那么机身会有侧面对着气流的趋势。因此,最初的小侧滑转化为偏航,使侧滑加大,同时伴随着滚转,直到机翼几乎被滚转到垂直位置。此后,上反角使机翼朝相反方向滚转,机身试图转向新的侧滑方向,于是无人机陷入剧烈的从一侧到另一侧的滚转加偏航的耦合振荡,垂尾以一定弧度猛烈摆动。解决方法是增大垂尾面积或者减小上反角,或两者同时进行。具有足够垂尾效率的无人机在偏航时进入侧滑,被称为风标稳定性。对于稳定的无人机来说,上反角对侧滑机翼的抬升作用就不是很显著了。无人机受侧风干扰时会适度地向风向侧滑,并伴随轻微滚转。因此侧向振荡稳定的必要条件是大垂尾、小上反角。

然而,上述操纵的结果可能会导致与荷兰滚相反的不稳定,即尾旋不稳定,必须对此保持警惕。如果垂尾面积相对上反角过大,就会发生此类情况。开始的小侧滑产生较强的风标偏航,上反角很小,产生很小或者是根本不产生阻止滚转的力,偏航的内侧机翼空速减小使机翼下沉。采用方向舵控制使飞行器偏航时,会产生类似的影响。对于尾旋不稳定的飞行器,由偏航所导致的机翼下沉足以加剧侧滑。而后垂尾尝试使飞行器产生风标运动,机翼再次下沉,继续侧滑,由于倾斜角增大,飞行器进入尾旋旋转。随着倾斜角增大,相对地面的偏航在低头方向上加剧,尾旋滚转在空速增加时变为尾旋俯冲,倾斜角接近垂直,机翼上的惯性载荷成倍增加,以至于即使飞行器还没有撞地,机翼或尾翼也可能已被破坏。

这里需要说明的是松杆和握杆的稳定性。松杆稳定性是无人机设计的技巧,即使没有驾驶员,无人机在短时间内也可自行飞行,这样可以使电量消耗最小。而一般而言,无人机操纵面通常是固定的，即通过伺服舵机、操纵连杆或操纵线将其限定在某些位置上。这类似于有人机的握杆，其操纵面能动，但只是对操纵指令作出反应而已。

2.3.2.5 无人旋翼机的飞行操纵

1. 旋翼机的类别和直升机飞行的特点

旋翼机可分为两类。一类是需要滑跑起飞的，这种比较简单，大多数旋翼机属于这一类。另一类是可垂直起飞的，其起飞方法有三种：第一种是动力驱动旋翼；第二种是用预转旋翼并使其达到正常飞行转速的一定倍数，然后突然脱开离合器，同时使旋翼桨叶变距而得到较大的升力跳跃起飞；第三种则是由旋翼翼尖小火箭驱动旋翼旋转而提供升力来实现垂直起飞，这种垂直起飞的过程，一般是由自动程序控制来完成的。

直升机飞行的特点是：能垂直起降，对起降场地要求较低；能在空中悬停，即使直升机的发动机在空中停止时，驾驶员也可通过操纵旋翼使其自转，仍可产生一定升力，减缓下降；可以沿任意方向飞行，但飞行速度较低，航程相对来说也较短。

2. 直升机旋翼的工作原理

直升机旋翼绕旋翼转轴旋转时，叶片类同于机翼。旋翼的截面形状是一个翼型，翼型弦线与垂直于桨毂旋转轴平面之间的夹角称为桨叶的安装角，有时简称安装角或桨距。各片桨叶的桨距的平均值称为旋翼的总距。驾驶员通过直升机的操纵系统可以改变旋翼的总距和各片桨叶的桨距，根据不同的飞行状态，总距的变化范围为 $2\sim14°$。

气流与翼弦之间的夹角即为该剖面的迎角。显然，沿半径方向每段叶片上产生的空气动力在桨轴方向上的分量将提供悬停时需要的升力，在旋转平面上的分量产生的阻力将由发动机所提供的功率来克服。旋翼旋转时将产生一个反作用力矩，使直升机机身向旋翼旋转的反方向旋转。前面提到过，为了克服飞行力矩，产生了多种不同的结构形式，如单桨式、共轴式、横列式、纵列式、多桨式等。对于最常见的单桨式，需要靠尾桨旋转产生的拉力来平衡反作用力矩，维持机头的方向。使用脚蹬来调节尾桨的桨距，使尾桨拉力变大或变小，从而改变平衡力矩的大小，实现直升机机头转向(转弯)操纵。

3. 直升无人机旋翼的操纵

直升无人机的飞行控制与其他无人机的飞行控制不同，直升机的飞行控制是通过直升机旋翼的倾斜实现的。直升机的控制可分为垂直控制、方向控制、横向控制和纵向控制等，而控制的方式都是通过旋翼实现的。具体来说，就是通过旋翼桨毂朝相应的方向倾斜，从而产生并不断提升该方向上的升力水平分量，以达到控制飞行方向的目的。

直升机放在地面时，旋翼受其本身重力作用而下垂。发动机起动后，旋翼开始旋转，桨叶向上抬，直观地看，形成一个倒立的锥体，称为旋翼锥体，同时在桨叶上产生向上的升力。随着旋翼转速的增大，升力逐渐增大。当升力超过重力时，直升机即铅垂上升；若升力与重力平衡，则悬停于空中；若升力小于重力，则向下降落。

旋转旋翼桨叶所产生的拉力和需要克服阻力产生的阻力力矩的大小，不仅取决于旋翼的转速的大小，而且取决于桨叶的桨距的大小。从原理上讲，通过调节转速和桨距的大小都可以调节拉力的大小。但是旋翼转速取决于发动机(通常用的是涡轮轴发动机或活塞式发动机)主轴转速；而发动机转速有一个最有利的值，在这个转速附近工作时，发动机效率高，寿命长。因此，拉力的改变主要靠调节桨叶桨距来实现。但是，桨距变化将引起阻力力矩变化，所以，在调节桨距的同时还要调节发动机油门，保持转速尽量靠近最有利转速工作。

直升机的平飞依靠升力倾斜所产生的水平分量来实现。例如，欲向前飞，需将驾驶杆向前推，经过操纵系统，自动倾斜器使旋翼各桨叶的桨距发生周期性变化，从而改变旋翼的拉力方向，使旋翼锥体前倾，产生向前的拉力，将直升机拉向前方。

直升机的方向是靠尾桨控制的。欲使直升机改变方向，则需改变尾桨的桨距，使尾桨拉力变大或变小，从而改变平衡力矩的大小，实现对机头指向的操纵。通过与操纵系统的连接，旋翼叶片的桨距调节变化可以按两种方式进行。第一种方式是各叶片同时增大或减小桨距(简称总距操纵，驾驶员通过总距操纵杆来操纵控制)，从而产生直升机起飞、悬停、垂直上升或下降飞行所需要的拉力。第二种方式是周期性地调节各个叶片的桨距(简称周期性桨距操纵)。比如打算向前飞，就将驾驶杆向前推，推动旋转斜盘(也称自动斜倾器)倾斜，使各个叶片的桨距产生周期变化。每个叶片转到前进方向时，它的桨距减小，产生的拉力也跟着下降，该桨叶向上挥舞的高度也减小；反之，当叶片转到后方时，它的桨距增大，产生的拉力也跟着增加，向上挥舞的高度也增大。结果，各个叶片梢(叶端)运动轨迹构成的叶端轨迹平面或旋翼锥体，将向飞行前进方向倾斜，旋翼产生的总拉力也跟着向前倾斜，旋翼总拉力的一个分量就成为向前飞行的拉力，使无人机能够向前飞行。

第3章　无人机测绘任务设备与规划

3.1　无人机测绘任务设备

3.1.1　测绘任务载荷

无人机测绘任务设备指无人机完成其测绘任务所必需的各种设备的集合，主要包括机载测绘任务载荷和地面控制与处理站两部分。机载测绘任务载荷和地面控制与处理站之间通过数据链路连接。

无人机测绘任务载荷指搭载于无人机上，用于完成测绘任务的设备的总称，主要包括光电任务载荷、成像雷达任务载荷和位置姿态测量装置等设备。其中，光电任务载荷包括可见光量测型相机、可见光非量测型相机、彩色视频成像系统和热成像设备等。

目前，一些大、中型无人机系统能够执行常规的测绘任务，其搭载的任务载荷几乎涵盖了传统航空测绘的全部设备，如大型量测型相机、激光雷达(LiDAR)等。但与常规航空测绘使用的有人机平台相比，无人机平台稳定性欠佳，获取的航摄像片尚不能完全满足传统航空测绘的要求，因此无人机测绘尚不能提供传统航空摄影测量与遥感的全部测绘产品，而是重点提供应急测绘和快速测绘产品，主要有两大类：一类是生产各种专题影像图，另一类是生产和更新大比例尺数字线划图。围绕测绘任务需求，本节主要介绍数字相机、组合数字相机、红外热像仪和位置姿态测量装置。此外，雷达成像已成为无人机测绘的一项重要内容，因此本节也将介绍成像雷达任务载荷的相关内容。

3.1.1.1 测绘任务载荷相关指标参数

测绘任务载荷相关指标参数主要包括像场角、比例尺、地面采样距离、影像重叠度和基高比等。

1. 像场角

根据不同的应用需要，像场角(Field of View，FoV)有不同的定义方法。航空摄影对于像场角的选择，要顾及影像上的投影差以及高程测量精度对摄影基高比的要求。一般情况下：对于大比例尺单像测图(如正射影像制作和地形图修测)，应选用常角相机；对于立体测图，则应选用宽角和特宽角相机。

2. 比例尺

航空影像的比例尺指影像上的一个单位距离与其所代表的实际地面距离的比值。对于平坦地面拍摄的垂直摄影影像，影像比例尺 S 为相机主距 f 和摄站相对航高 H 的比值，即

$$S = \frac{f}{H} \tag{3-1}$$

当影像有倾斜、地面有起伏时，影像比例尺的计算比较复杂，实际影像比例尺在影像上处处不相等。一般用整幅影像的平均比例尺表示航空影像的比例尺。

影像比例尺越大，地面分辨率越高，越有利于影像的解译和提高成图的精度。实际工作中，影像比例尺要根据测绘地形图的精度要求与获取地面信息的需要确定。

3. 地面采样距离

数字影像的地面采样距离(Ground Sampling Distance，GSD)指影像上单个像素所对应的地面实际距离。平坦地面的垂直摄影影像上地面采样距离的计算公式为

$$GSD = \frac{H \cdot S}{F} \tag{3-2}$$

式中：H 为为飞行高度，即摄影设备(如无人机、飞机或卫星)距离地面的高度；S 为传感器的像元尺寸，即相机传感器上每个像素的实际大小；F 为焦距，即相机镜头的焦距。

由式(3-2)可见，对于选定的相机和主距，无人机的相对航高决定了影像的分辨率。一般认为，对于大比例尺测图，数字影像的分辨率应满足

$$GSD \leqslant 0.01M \tag{3-3}$$

式中：M 为成图比例尺分母。成图比例尺 1：500、1：1 000、1：2 000 所需的数字影像地面采样距离分别为小于或等于 5 cm、8~10 cm、15~20 cm。

4. 影像重叠度

一般情况下，连续拍摄的航空影像应该具有一定程度的重叠度。要完成对于摄影区域的完整覆盖，航空摄影影像除了要有一定的航向重叠外，相邻航线的影像间也要求具有一定的重叠，以满足航线间接边的需要，称为旁向重叠。这种重叠不仅确保了一条航线上的完全覆盖，而且从相邻两个摄站可获取具有重叠的影像构成立体像对，这是立体测图的基础。

理论上，可以通过设定像方摄影基线的大小来控制影像重叠度。基线越短，影像重叠度越大。实际上，通过设定相邻摄站之间的物方距离，即物方摄影基线得到满足要求的影像重叠度，由影像比例尺关系式，物方摄影基线 B 与航向重叠度之间的关系为

$$B = \frac{b}{S} = (1 - p\%) \times 2H \tan \frac{\omega_x}{2} \tag{3-4}$$

类似地，可以通过设定相邻航线之间的距离来控制影像旁向重叠度。

5. 基高比

基高比是摄影基线与相对航高的比值。基高比越大，组成立体像对的同名光线之间的交会角越大，立体测量的高程精度越高。因此当利用立体测量方法成图时，除了要保证影

像的重叠度之外，还要求相邻影像之间满足一定的基高比条件。对于无人机低空大比例尺测图，由于数码相机的像幅一般较小，所以基高比一般小于传统航空摄影。

相邻影像之间的基高比公式为

$$\frac{B}{H} = \frac{b}{f} = 2(1 - p\%)\tan\frac{\omega_x}{2} \qquad (3\text{-}5)$$

式(3-5)表明，在保持影像重叠度不变的条件下，基高比与影像像场角相关，像场角越大，基高比越大。另外，像场角越大，影像边缘的投影差也越大。因此，在实际工作中，对于相机像场角的选择，要综合考虑投影差和基高比的要求。当测区不是用立体测量的方法成图时，一般应选择长焦距小视场摄影，以限制影像的投影差。当测区采用立体测量方法成图，特别是对高差不大的测区进行立体测图时，一般选短焦距大视场摄影。但是，在城市低空摄影时，地物容易受高层建筑物的遮挡。因此，在城市和坡度较大的地区摄影时，相机焦距的选择应同时顾及立体测量精度和避免低处地物被遮挡等因素。

3.1.1.2 数字相机

数字相机是测绘型无人机最重要的任务设备，可分为量测型相机和非量测型相机。

量测型相机是专门为航空摄影测量制造的，具有几何量测精度高的特点，装有低畸变高质量的物镜和内置滤光镜，镜头中心与成像面具有固定而精确的距离。航空摄影时，无人机的飞行速度很快，地物在成像面上的投影将在航线方向上产生位移，导致影像模糊。为了消除像移的影响，在量测型相机上往往加装像点位移补偿装置和陀螺稳定平台。量测型相机一般较重，多搭载在大型无人机平台上。

由于载荷质量的限制，中、小型无人机还难以承载量测型相机，而大量采用非量测型相机作为有效载荷。非量测型相机不是专门为航空摄影测量设计的相机，因而不配置像移补偿装置，但一般应配置陀螺稳定云台以保证近似垂直摄影。为了保证影像的清晰度，除了缩短曝光时间外，还必须限制无人机的巡航速度。

3.1.1.3 组合特宽角数字相机

非量测型单数字相机存在像场角窄的问题，导致航空摄影测量时高程精度偏低、数据量偏大，因此可以考虑在无人机上使用组合特宽角数字相机。由于无人机任务载荷的限制，组合相机的数量不宜过多，其中典型代表是中国测绘科学研究院研制的四相机（LAC04）和双相机（LAC02）系统。

3.1.1.4 位置姿态测量装置

位置姿态测量装置用来记录成像时相机的姿态参数。

1. 位置姿态测量装置的作用

(1)用于满足影像地面采样距离、重叠度和基高比等要求。无人机测绘对地摄影时，要事先规划好无人机的飞行航线和相机曝光位置，并通过设置曝光时间来实现航摄区域覆盖。为了便于后续的摄影质量检查和立体测绘处理，需要记录飞行航线和相机曝光位置。

另外，安装有自动曝光控制单元的航空摄影机也需要位置姿态测量装置。

(2)获得影像倾角小的近似水平影像。无人机测绘对地摄影时，摄影物镜的主光轴偏离铅垂线的夹角，称为航摄影像倾角。在实际的航空摄影过程中，应尽可能获取影像倾角小的近似水平影像，因为应用水平影像测绘地形图的作业比应用倾斜影像方便得多。传统航空摄影要求影像倾角保持在3°以内。考虑到无人机姿态稳定性较差，其影像倾角一般不大于5°，最大不超过12°，出现超过8°的影像不多于总数的10%；特别困难地区一般不大于8°，最大不超过15°，出现超过10°的影像数不多于总数的10%。此外，在航空摄影过程中，为了抵抗交叉风向的作用，无人机的实际朝向会与飞行的地面航迹之间产生一个角度，称为影像旋角。影像旋角过大会减小立体像对的有效作业范围和削弱立体观测的效果。影像旋角一般不大于15°，在确保影像航向和旁向重叠度满足要求的前提下，个别最大旋角不超过30°，在同一条航线上旋角超过20°的影像不应超过3幅，旋角超过15°的影像数不得超过分区影像总数的10%。影像倾角和旋角不应同时达到最大值。一般通过在无人机上安装陀螺稳像云台来获取满足倾角和旋角要求的影像。

(3)利用无人机对地面目标进行快速定位。位置姿态测量装置可以动态快速地给出反映载体运动的运动参数，据此可以连续测量成像时传感器的位置和姿态，而不必通过控制点解算影像的外方位元素。这为无人机目标快速定位提供了一种全新的技术途径，可以极大地提高目标快速定位的效率。

2. GPS/INS 位置姿态组合测量系统

应用于航空遥感等领域的导航及姿态测量系统主要有卫星无线电导航定位系统(如GPS)以及惯性导航系统(INS)，GPS的基本定位原理是卫星不间断地发送自身的星历参数和时间信息，用户接收到这些信息后，经过计算求出接收机的三维位置以及运动速度和时间信息。INS姿态测量主要利用惯性测量单元(Inertial Measurement Unit，IMU)感测飞行器的加速度，经过积分等运算，获取载体的速度、位置和姿态等信息。

虽然GPS可量测传感器的位置和速率，具有精度高、误差不随时间积累等优点，但其易受干扰、动态环境中可靠性差(易失锁)、输出频率低，不能量测瞬间快速的变化，没有姿态量测功能。INS有姿态量测功能，具有完全自主、保密性强，既能定位、测速，又可快速量测传感器瞬间的移动，以及输出姿态信息等优点，主要缺点是误差随时间迅速积累增长，导航精度随时间而发散，不能单独长时间工作，必须不断加以校准。GPS与INS的优缺点是互补的，因此最优化的方法是对两个系统获得的信息进行综合，这样可得到高精度的位置、速率和姿态数据。

GPS/INS组合有多种方式，代表了不同的精度和水平。最简单的方式是将GPS和INS独立使用，仅起冗余备份作用，这是早期的组合。最理想的一种组合模式是从硬件层进行组合，即一体化组合，GPS为INS校正系统误差，而INS辅助GPS的接收码相环路，减少跟踪带宽，缩短卫星捕获时间，增加抗干扰能力，剔除多路径等粗差影响。这种组合可减小整个组合系统的体积、质量及功耗。另一种在工程中比较易于实现的模式是保持GPS和INS各自硬件的独立，从软件层次组合，只需要通过相应的接口将GPS和INS的数据传输到中心计算机上，并利用相应的算法进行两套数据的时空同步和最优组合即可，这是目前最主要的组合方式。

GPS 与 INS 的组合算法主要通过卡尔曼滤波实现。以 INS 系统误差方程为状态方程，以 GPS 测量结果为观测方程，采用线性卡尔曼滤波器为 INS 系统误差提供最小方差估计，然后利用这些误差的估计值修正 INS，以提高系统的导航精度。另外，经过校正的 INS 又可以提供导航信息，以辅助 GPS 提高其性能和可靠性。利用卡尔曼滤波进行 GPS 与 INS 的组合时通常认为有两种模式，即松散组合（位置与速率的组合）和紧密组合（伪距与伪距率的组合）。

在松散组合模式下组合系统利用 GPS 数据来调整 INS 输出，即用 GPS 输出的位置和速度信息直接调整 INS 的漂移误差，得到精确的位置、速度和姿态参数。当 GPS 正常工作时，系统输出为 GPS 和 INS 信息，当 GPS 中断时，INS 以 GPS 停止工作时的瞬时值为初始值继续工作，系统输出 INS 信息，直到下一个 GPS 工作过程出现为止。松散组合模式的优点：①GPS 和 INS 保持了各自的独立性，其中任何一个出现故障时，系统仍能继续工作；②组合系统结构简单，便于设计；③GPS 和 INS 的开发与调试独立性强，便于系统的故障检测与隔离；④组合系统开发周期短。松散组合的缺点是组合后 GPS 接收机的抗干扰能力和动态跟踪能力没有得到任何改善，组合系统的导航精度没有紧密组合模式高。

紧密组合的工作原理是利用 INS 输出的位置和速度信息来估计 GPS 的伪距和伪距率，且与 GPS 输出的伪距和伪距率进行比较，用差值构建系统的观测方程，经卡尔曼滤波后得到精确的 GPS 和 INS 输出信息。紧密组合模式的优点：①GPS 接收机向 INS 提供精确的位置和速度信息，辅助并帮助 INS 的漂移误差积累；②INS 同时向 GPS 接收机提供实时的位置和速度信息，辅助 GPS 接收机内部的码/载波跟踪回路，提高 GPS 接收机的抗干扰能力和动态跟踪能力；③在 INS 的辅助下，GPS 接收机可以接收到更多的卫星信息，而综合滤波器可以利用尽可能多的卫星信息提高滤波修正的精度；④能够对 GPS 接收机信息的完整性进行监测。

在数据处理上，紧密组合将 GPS 和 INS 的原始观测数据一起输入一个滤波器进行估计，得到整体最优估计结果；松散组合首先使用一个分滤波器对 GPS 独立滤波定位，然后将定位结果输入一个包含 INS 误差状态方程的主滤波器中，估计 INS 的导航误差。

GPS 和 INS 的系统集成从 20 世纪 80 年代初的简单组合开始，到 20 世纪 80 年代末就已经达到软/硬件组合的水平。目前 GPS/INS 组合系统的精度主要取决于 GPS 数据的定位精度。近年来，随着俄罗斯格洛纳斯的复苏，欧洲伽利略投入运营以及中国北斗的快速发展，GNSS 的阵营不断壮大。通过结合 GPS、格洛纳斯、伽利略、北斗等多套导航系统的卫星信号，GNSS 接收机可接收的卫星数成倍增加，能用于定位计算，卫星的空间配置也更合理，因此能达到比任何单一系统更高的精度和可靠性。

3.1.1.5 红外热像仪

红外热像仪是一种探测物体红外辐射能量的成像仪器，它通过红外探测、光电转换、光电信号处理等过程，将目标物体的红外辐射信息转换为视频图像输出。在军事上，红外热像仪可应用于军事夜视侦察、武器瞄准、夜视导引、红外搜索和跟踪等多个领域；在民用方面，红外热像仪可以用于卫星遥感、防灾减灾、材料缺陷的检测与评价、建筑节能评价、设备状态热诊断、生产过程监控、自动测试等。

与微波系统相比，红外探测系统具有结构简单、体积小、质量轻、分辨率高、抗干扰能力强等优点；与可见光设备相比，红外探测系统具有穿透烟尘和云雾能力强、可昼夜工作的特点。红外探测器作为整个红外探测系统的核心，种类繁多、性能各异，适用于不同的工作领域。

1. 红外探测器的性能参数

红外探测器是把不可见的红外辐射转变为可测量信号的转换器，是红外热像仪的核心部件。随着半导体材料和器件工艺的发展，各种结构新颖、灵敏度高、响应快的红外探测器被研制出。红外探测器的工作性能可用以下参数来描述。

(1)响应率。探测器的输出信号 S 与入射到探测器的辐射功率 P 之比，称为探测器的响应率 R。

$$R = \frac{S}{P} \tag{3-6}$$

式中：R 表示探测器把红外辐射转换为信号电压或信号电流的能力，$V \cdot W^{-1}$ 或 $A \cdot W^{-1}$。

(2)噪声等效功率。由于探测器存在噪声，当辐射小到它在探测器上产生的信号完全被探测器的噪声所淹没时，探测器就无法肯定是否有辐射信号投射到探测器上。通常用噪声等效功率(Noise Equivalent Power，NEP)表征探测器可探测的最小功率。

当探测器上产生的信号均方根电压正好等于探测器本身的噪声均方根电压值(即信号噪声比为1)时，入射到探测器上的辐射功率称为探测器的噪声等效功率，即

$$NEP = \frac{EA}{\dfrac{V_s}{V_N}} \tag{3-7}$$

式中：E 为投射到探测器光敏面上的均方根辐照度，W/cm^2；A 为探测器的光敏面积，cm^2；V_s 和 V_N 分别为在该照度下探测器输出的信号均方根电压和噪声均方根电压。

(3)光谱响应。探测器的光谱响应指探测器受到不同波长的电磁波照射时，响应率 R 随入射电磁波波长的变化而变化的特性。

(4)响应时间。当一定功率的辐射照射到探测器上时，探测器的输出电压要经过一定的时间才能上升到与这一辐射功率相对应的稳定值。在辐射突然消失后，输出电压也要经过一定的时间才能下降到辐照之前的值。这种上升或下降所需要的时间称为探测器的响应时间。

(5)频率响应。由于探测器存在响应时间(延迟)，探测器对辐射的响应就不是实时的，其响应率 R_f，随调制频率 f 的变化称为探测器的频率响应，表示为

$$R_f = \frac{R_0}{(1 + 4\pi^2 f^2 \tau^2)^{\frac{1}{2}}} \tag{3-8}$$

式中：R_0 是频率为零或恒定辐射时的响应率；τ 为响应时间。

2. 红外探测器的分类

红外探测器有不同的分类方法，如按照工作温度可分为低温(需要用液态 H_e、N_e、N 制冷)探测器、中温(工作温度在 $195\sim200$ K 之间的热电制冷)探测器和室温探测器；按照响应波长可分为中红外和热敏型探测器；根据结构和用途可分为单元探测器、多元阵列探测器和成像探测器。根据探测机理的不同，红外探测器分为热敏型和量子型两大类。

(1)热敏型探测器。热敏型探测器利用红外辐射的热效应探测入射辐射的强度。入射的红外辐射使得探测器敏感元的温度升高，导致它的某些物理性质发生变化，如温差电动势的产生、电阻的改变、体积的改变等，可以根据这些物理量的改变来探测入射辐射的强弱。

热敏型探测器依据红外辐射产生的热效应，所以热敏型探测器的响应只依赖于吸收的辐射功率，与辐射的光谱分布无关。理论上，热敏型探测器对任何波长的红外辐射都具有相同的响应，但由于热探测器敏感面的吸收率可能在某一光谱区间比较高或比较低，热探测器对不同波长的红外辐射往往不同。

与对某一特定波长的量子型探测器相比，热敏型探测器探测波段宽、灵敏度较低、响应时间也较长，但其最大优点是能够在通常的环境温度下工作而不需要冷却，从而可以大大减小器件体积、降低器件成本。特别是自 20 世纪 90 年代以来，随着焦平面阵列、超大规模集成电路和微机电系统以及信息处理等技术的发展，非制冷热红外探测器的探测率得到了极大提高，同时响应时间也能满足成像要求，为其在军事和民用两大领域开拓了更广阔的应用前景。

常见的热敏型红外探测器分类如下，其中微测辐射热计和热释电探测器是最主要的红外探测器。

热敏电阻型：氧化机、非晶硅。

热释电型：锆钛酸铅铁电薄膜、钛酸锶锐薄膜。

热电耦型：Au/PolySi。

二极管型：Si 二极管。

光机械型：Au/SiN_x 双金属片。

谐振式型：石英。

(2)量子型探测器。量子型红外探测器一般由半导体材料制成，基于特定物质的光电效应探测红外辐射。由于某些物质的光电效应，满足一定能量的光子直接激发光敏材料的束缚电子成为导电电子。光敏材料的禁带宽度或杂质能级影响其响应波长，所以响应对波长有选择性。量子红外探测器吸收光子后，本身发生电子状态的改变，引起不同的电磁学现象。

根据工作模式的不同将量子型探测器分为如下几类。

1)光电子发射探测器。当光照射在某些金属、金属氧化物或半导体材料表面时，如果光子的能量足够大，就能使其表面发射电子。利用这种光电效应制成的可见光探测器或红外探测器即为光电子发射探测器。

2)光电导探测器。半导体吸收能量足够大的光子后,半导体内一些载流子从束缚状态转变为自由状态,从而使半导体电阻率增大。利用这种半导体光电导效应制成的红外探测器称为光电导探测器。应用最多的光电导红外探测器有硫化铅、硒化铅、锑化铟、碲镉汞等。

3)光伏红外探测器。光伏效应指在光照射下,半导体内部产生的电子-空穴对,在静电场作用下发生分离,产生电动势的现象。利用半导体光伏效应制成的红外探测器称为光伏探测器。光伏探测器通常由半导体 P-N 结构成,利用 P-N 结的内建电场将光生载流子扫出结区而形成信号。光伏探测器主要有锑化铟、碲镉汞、碲锡铅、铟镓砷、钢镓砷等。

4)光磁电红外探测器。半导体吸收光子后,在表面产生的电子-空穴对要向内部扩散。在扩散的过程中,因受到强磁场的作用,电子和空穴各偏向一侧,因而产生电位差,这种现象称为光电磁效应。利用这种效应测量红外辐射的探测器称为光磁电探测器。光磁电探测器主要有锑化铟、碲镉汞等,但需要在探测器芯片上加磁场,结构比较复杂,不常用。

3.1.1.6 成像雷达

由于载荷质量的限制,中、小型无人机目前还难以承载雷达设备,只有少数大型无人机搭载了雷达设备。

1. 合成孔径雷达

合成孔径雷达(Synthetic Aperture Radar,SAR)是一种工作在微波波段的主动式传感器,即主动发射电磁波,照射到地面后经过地面反射,由传感器接收其回波信息。与传统光学摄影机和光电传感器相比,SAR 有以下优点:具有全天候、全天时的工作能力,基本不受云、雾、雨、雪等气候因素的影响,雷达波对地物(如植被、干沙等)具有一定的穿透能力;SAR 成像的方位向分辨率不受波长、平台高度、雷达作用距离等因素的影响,理论上可以获取很高的空间分辨率;雷达测绘带覆盖面广,可以在远离航迹的地方成像。

雷达是一个距离测量系统,工作原理类似于"回声"。雷达系统主要由发射机、接收机、转换开关、天线等部分组成,发射机发射脉冲后经转换开关、天线传输到自由空间,然后继续向地面目标传输,到达地面目标后再返回雷达天线,雷达系统通过记录时间延迟,进而测量天线与地面目标的距离。

雷达系统通过记录脉冲信号的时间延迟 t,测量雷达天线到地面目标的距离,可以表示为

$$R = \frac{ct}{2} \tag{3-9}$$

式中:c 表示光速。

雷达一般都是侧视工作的,即朝向飞行方向的一侧发射电磁波,主要目的是消除两个等距离点产生的左右模糊。侧视雷达可分为真实孔径雷达和合成孔径雷达。

雷达影像坐标系一般采用方位向-距离向标识。方位向平行于飞行方向,距离向垂直于飞行方向。

合成孔径雷达是一种高分辨率相干成像系统。高分辨率在这里包含两方面的含义:高方位向分辨率和高距离向分辨率。它采用以多普勒频移理论为基础的合成孔径技术提高雷达的方位向分辨率,距离向分辨率的提高则通过脉冲压缩技术实现。

方位向分辨率与距离、波长、平台飞行高度无关,这对机载雷达成像具有重要的意义,理论上方位向分辨率是雷达天线真实孔径长度 D 的一半,因此天线孔径越小,其方位向分辨率越高。

SAR 一般装载在"全球鹰""捕食者"等高空长航时大型无人机上。随着 SAR 技术的发展和提高,其分辨率越来越高,目前已接近或超过光学成像的分辨率。近年来,微小型化技术也推进了 SAR 向微小型方向发展。

2. 机载激光雷达

激光探测及测距系统(Light Detection and Ranging,LiDAR)简称激光雷达,激光雷达根据其应用原理可分为三类:测距激光雷达(Range Finder LiDAR)、差分吸收激光雷达(Differential Absorption LiDAR)及多普勒激光雷达(Doppler LiDAR)。

机载激光雷达以飞机为观测平台,其系统组成主要包括激光测量单元、光学机械扫描单元、控制记录单元、动态差分 GPS、惯性测量单元和成像装置等。其中:激光测距单元包括激光发射器和接收机,用于测定激光雷达信号发射参考点到地面激光脚点间的距离;光学机械扫描装置与陆地卫星的多光谱扫描仪相似,只不过工作方式完全不同,激光属于主动工作方式,由激光发射器发射激光,由扫描装置控制激光束的发射方向,在接收机接收发射回来的激光束后由记录单元进行记录;动态差分 GPS 接收机用于确定激光雷达信号发射参考点的精确空间位置;惯性测量单元用于测定扫描装置的主光轴的姿态参数;成像装置一般多为 CCD 相机,用于记录地面实况,为后续的数据处理提供参考。

激光雷达的工作原理与无线电雷达非常相近,是一种主动遥感技术,不同的是,激光雷达发射的信号为激光,与普通无线电雷达发送的无线电波乃至毫米波雷达发送的毫米波相比,波长要短得多。

由激光器发射出的脉冲激光从空中入射到地面,传到树木、道路、桥梁、房屋,起散射。一部分光波会经过反射返回激光雷达的接收器中,接收器通常是一个光电倍增管或一个光电二极管,它将光信号转变为电信号,并记录下来,同时由所配备的计时器记录同一个脉冲光信号从发射到接收的时间,于是,就能够得到飞机上的激光雷达到地面上的目标物的距离 R 为

$$R = \frac{c\Delta t}{2} \tag{3-10}$$

式中:c 是光在空气中的传播速度;Δt 是激光脉冲从发射到接收的总时间。

式(3-10)的核心在于,激光雷达通过发射脉冲激光,并记录这些激光波被地面上的对

象(如树木、道路、桥梁、建筑物等)反射回来的时间。接收器，无论是光电倍增管还是光电二极管，都将反射的光信号转换成电信号，并由计时器记录从发射到接收的总时间。然后利用这个时间间隔，结合光速，就可以计算出雷达到目标物的距离。这种方法是激光雷达(LiDAR)测量距离的基础原理。

若空间有一向量，可依据式 $R=\dfrac{ct}{2}$ 得到其模为 R，方向为 $(\varphi，\omega，\kappa)$，如果能测出起点的坐标 $(X_s，Y_s，Z_s)$，那么该向量的另一端点所对应的地面点 $(X，Y，Z)$ 就可以唯一确定，即

$$
\left.\begin{array}{l}
X=R\cos\varphi+X_s \\
Y=R\cos\omega+Y_s \\
Z=R\cos\kappa+Z_s
\end{array}\right\}
\tag{3-11}
$$

式中：起点坐标 $(X_s，Y_s，Z_s)$(即传感器空间位置)可利用动态差分 GPS 高精度地测定，向量的模 R 用激光测距仪通过计算激光回波的时间精确测量得到，飞行姿态角 $(\varphi，\omega，\kappa)$ 可以利用 IMU 精确测量。通过搭载机载平台进行移动及扫描，激光探测便可以得到地物目标的三维地形数据。

无人机载 LiDAR 已得到广泛关注，但受无人机载荷能力、飞行姿态稳定性等条件的制约，因此如何实现 LiDAR 设备的轻小化、提高 LiDAR 数据处理能力等问题还有待进一步研究。

3.1.1.7 机载光电稳定平台

无人机任务载荷在工作过程中会不可避免地受到无人机姿态晃动的影响，出现光轴晃动的现象。这会带来两个问题：一是单帧图像模糊；二是前、后帧图像间的几何位置关系无法实时匹配，造成实时下传或保存的图像扭曲变形。通常使用光电稳定平台解决载荷光轴晃动带来的这些问题。利用光电稳定平台的伺服系统控制平台方位、横滚和俯仰框架转动，实时补偿无人机晃动的影响，实现光轴稳定。光电稳定平台包括稳定平台和电控箱两部分。

光电稳定平台的稳定平台部分一般采用三轴三框架结构形式。

该系统由俯仰轴系、横滚轴系和方位轴系三部分构成，包括陀螺、驱动电机和角度载荷。俯仰轴系和横滚轴系采用力矩电机直接驱动，具有结构简单、低速性能好和传动精度高的特点；方位轴系通过齿轮直流电机驱动。多光谱成像仪、红外成像仪、高光谱相机、面阵相机等测绘任务载荷和陀螺安装于内框架上。

3.1.1.8 任务载荷技术的发展趋势

光电载荷和雷达载荷是测绘无人机的主要传感器载荷设备。随着对无人机测绘载荷研究的不断深入，各类无人机的传感器载荷将得到更加迅猛的发展。

1. 光电载荷

近年来，国际上几场局部军事行动证明了无人机上光电载荷使用的重要性，世界各国

纷纷加紧研制并推出能够适合无人机使用的各种光电载荷,确保无人机具有获取高质量的昼夜侦察图像的能力。

(1)机载光电平台日趋复杂化和多样化。随着航空侦察朝着空间的立体化、情报信息的实时化、侦察与打击一体化,以及提高装备生存能力方向发展,要求光电平台技术先进、手段多样、空间广延、时间连续、信息传递快速,要具备搜索、识别和跟踪相应的敏感目标,并以一定的精度对其定位功能。无人机光电载荷将各种光学传感器安装到万向支架上,由陀螺提供惯性基准,确保多轴向稳定,地面操作人员可以通过无线链路观察目标和监视战场情况。无人机搭载的传感器包括前视红外、电视摄像机、激光测距/目标指示器等。

(2)机载光电平台向全天候、高分辨率、远距离、宽收容、实时化、小型化方向发展。机载光电设备的探测距离大幅度增加、灵敏度更高、分辨率更低、质量更轻、体积更加小型化。具体表现在:航空数码相机将向宽收容、高分辨、准实时成像、照相摄像一体化方向发展,高分辨率、高灵敏度,非扫描成像的第三代前视红外仪将在无人机上普遍应用。

(3)机载光电系统全数字化。机载光电系统必须实现全数字化,才能提升系统的功能和有效性。全数字化的机载光电系统支持:①辨认和抽取感兴趣的区域,将场景以多种视角和尺寸显示出来,测算感兴趣的目标;②图像增强,通过数字化处理,使图像清晰度、稳定度更好;③采用数据压缩和错误校正编码,便于图像分析。

(4)任务载荷的即插即用技术。无人机系统越来越复杂,用户也要求无人机提供一个能执行多种任务的平台,因此模块式任务载荷的概念正在得到越来越多的关注。即插即用技术可以使无人机上的单个或多个传感器根据每项任务或一系列任务的需要进行组合及改变。

(5)多光谱成像技术的应用。光谱成像传感器依靠目标与背景的固有光谱差别成像,具有更好的反伪装、反隐身、反欺骗的侦察能力,工作波段波长通常为 $0.4\sim1.5\ \mu m$。

2. 雷达载荷

无人机成像雷达经过这些年的发展,技术不断地走向成熟,应用范围也越来越广。

(1)合成孔径雷达结合动目标指示器同步模式。当前,国际上的无人机雷达基本上都是合成孔径雷达(SAR)结合动目标指示器(Moving Target Inidcation,MTI)的侦察雷达。但这两种工作模式是进行分时工作的,存在很大问题。当雷达在监视区域进行 SAR 扫描时,就不能对监视范围进行快速连续的扫描,这样就不能发现动目标,无法跟踪动目标,形成动目标运动的轨迹,而且信息更新速度慢;而 MTI 分辨率低,无人机不能同时提供动目标的运动轨迹和 SAR 图像。因此,无人机雷达目前的一个重要发展方向就是 SAR 和 MTI 模式能够同时工作。

(2)雷达成像分辨率不断提高。随着雷达技术的不断进步,雷达的成像分辨率会越来越高。高分辨率的成像雷达使得在对目标进行识别时,能够从图像中获得更多、更详细的目标细节和信息,有助于对目标进行精准的识别,使精确制导武器能对目标进行准确的识别。目前，用于中空战术型无人机的"山猫"雷达作用距离为 30 km，雷达成像分辨率最高达到了 0.1 m，小型无人机的 MiniSAR 雷达在作用距离为 10 km 时的分辨率也达到了 0.1 m。

（3）采用有源相控阵体制。有源相控阵雷达在作用距离、抗干扰能力、可靠性和天线隐身设计等方面性能卓越，但庞大的体积和质量限制了其在无人机领域的应用。随着雷达技术的不断发展，有源相控阵雷达会在无人机雷达市场上大有作为。

（4）雷达数据的实时传输。由于雷达成像分辨率高、数据量庞大，所以一般是将雷达获取的数据先存储在机上，在无人机返回到地面站之后，再进行数据处理。这种方法带来了情报的延迟性，已不能满足现代战争的快速反应需求。因此，实现雷达数据的实时处理、实时传送，是无人机雷达的发展方向之一。

（5）大型化和小型化的同步发展。为了让雷达看得更远、看得更清楚，大尺寸的无人机雷达成为必不可少的载荷装备之一。大型无人机的有效载荷能力不断提升，为雷达载荷提供了充裕的空间和质量分配。同时，为了实现隐身作战需求，战术型和微型无人机的机身尺寸自然会朝着小型化、隐身化的方向发展，从而对无人机雷达的尺寸和质量提出了更加苛刻的要求。

除了上述几点无人机雷达发展趋势之外，无人机雷达还有很多的发展方向，例如雷达作用距离更远、设计更加模块化、工作模式的多样性、实现察打一体化等。未来无人机雷达的监测对象，将不仅仅局限于地面目标，甚至会扩展到空中的有人机、无人机、巡航导弹等空中动目标。

3.1.2 测绘无人机地面控制与处理站

地面控制站（Ground Control Station，GCS）是无人机系统的指挥、控制中心，主要完成飞行控制、数据链管理、机载任务设备控制，同时监控无人机系统运行状况，包括飞行状态、任务载荷状况、动力系统参数等。地面处理站指专门完成无人机测绘数据快速处理和产品生成的设备。地面控制站和地面处理站通常集中在一起，可统称为地面站。

3.1.2.1 地面站基本结构

地面站通常由系统监控、飞行器操控、任务载荷控制、数据链终端、数据处理、数据分发等几个主要部分组成，系统监控部分实时监视飞行器飞行状态、任务执行情况、燃料与电池消耗、危险告警等信息。飞行器操控部分控制飞行姿态、航线、航迹等。任务载荷控制部分控制各种任务载荷的运行参数和工作状态。数据链终端将各种控制命令经上行链路发送至飞行器，并通过下行链路接收无人机运行参数和获取的数据。数据处理部分主要完成对无人机所获取数据的处理与分析。数据分发部分主要负责对处理过的数据进行分发。

大、中、小型无人机系统的地面站在结构组成和规模上有所区别。大、中型无人机系统的地面站一般为包括多个操作台的控制方舱，同时还可能包括操作控制分站，而小型无人机系统的地面站可能只是一台便携式的笔记本电脑。

在小、微型无人机的使用中，往往配备便携式的小型地面控制站，这类小型地面站功能与地面方舱基本相同，只是更加精炼，将航线管理与显示、状态参数综合显示、传感器数据显示综合在一个屏幕上进行表达，用高机动车(大型吉普)搭载，可供一线人员直接进行控制和接收回传信息。更小型的视频接收系统，可用于敌后特种部队携带，接收侦察信息等。

3.1.2.2 地面站主要功能

地面站主要功能包括跟踪控制、领航控制、飞行控制、任务控制、数据处理、与其他应用系统的信息传输六大类。

1. 跟踪控制

跟踪控制台主要有天线定标、测距校零、引导天线等跟踪控制功能，前两者是飞行前必须要做的准备工作，

天线定标即确定天线 0 方位角与正北的夹角。由于地面站停放位置的随意性，所以需要对天线的方位角进行定标，定标方法有以下两种。

(1)飞机定标。当飞机和地面站上均装有定位设备时，地面站定位数据发送给监控软件，同时飞机的定位数据通过遥测发送给监控软件；当地面站测控定向天线对准并且锁定飞机时，监控软件可同时得到这两种数据，这样可计算出天线此时的实际方位角。

(2)近距定标。近距定标和飞机定标的原理相同，只是由手持定位设备代替了飞机定位设备。测距校零的目的是根据实际距离(可通过地面站和机载定位设备获取)计算出测距设备的零值，在收到测距上报时扣掉测距零值，就可得出真实的距离值。

引导天线有手动引导和数字引导两种方式，目前一般为数字引导。数字引导是通过监控链路动态设定天线的方位角，使天线指向飞机。执行数字引导的前提是天线已定标，且地面和机载定位设备都有效。在设备发生故障等紧急情况下，可采用手动引导。

2. 领航控制

航迹规划问题是领航控制中最重要的组成部分，是在考虑地形因素、威胁因素以及任务需求的基础上，寻找从起点到终点的一条可飞行路径。一般可以描述为如下需要解决的问题，即给定：起点；一组要服从的限制条件，如机动能力、续航能力等；一组需要执行任务的目标区域；一组威胁或障碍区域；终点。

可以将航迹规划问题分成两步完成。第一步考虑所有已知的威胁及约束，离线找到一条最优航迹作为参考航迹，这个问题一般在地面起飞前解决，对实时性没有太多的要求，是一个纯粹的搜索寻优问题。第二步涉及存在事先未知的威胁或环境变化，如果这些威胁或变化被无人机上的传感器探测到或通过通信链被无人机感知到，那么需要考虑更改航

迹，即进行重新规划，这时的规划是在飞行中进行的，对实时性有很高的要求。

一个完整的航迹规划系统通常由以下几个部分组成——地形数据处理模块、危险信息处理模块、路径生成模块以及路径优化处理模块。其中，地形数据处理模块和危险信息处理模块将规划区域内的各种地形信息以及各种威胁信息进行综合处理，为航迹规划提供必要的模型。路径生成模块通过采用一定的规划算法，生成从起点到终点的一系列航迹。路径优化模块将生成的航迹进行优化处理。

航迹规划中很重要的一个内容是在起飞前选定任务区域及飞行航线。具体包括：选择巡逻地点以避免与其他飞行器或空中目标在目标区域附近发生空中冲突；考虑将要使用的传感器的类型、传感器的视界及其有效覆盖范围。如果传感器是如电视摄像头一样的装置，那么目标与太阳的相对位置及飞行器的位置也要作为选择巡逻地点的一个因素；如果地面高低不平或植被茂盛，那么事先选择合适的巡逻路线以便在观察目标区域时能有良好的视线，也是非常重要的。

自动规划系统可以将飞行路线叠加在数字地图上，对选定的飞行路线自动计算飞行时间及燃油消耗，自动记录飞行路线，基于数字地图数据的仿真环境显示。仿真图像显示了在不同的巡逻位置及不同的海拔高度观察到的场景，使操作员能为执行任务选择可接受的有利位置。

将飞行规划存储起来方便以后飞行时使用，在执行任务规划的各个子段时，仅仅需要从存储器调出程序并下达命令就可以了。例如，任务规划可分解成若干子段，譬如从发射到巡逻地点的飞行段、在指定巡逻地点上空的飞行段、飞向第二巡逻地点上空的飞行段及返回回收地点的飞行段。自动规划系统也允许操作员根据实际任务快速重新设定新的航线并上传至飞行器。例如，如果在飞向预定巡逻地点的途中新观察到一个感兴趣的目标，就很有可能挂起预飞行规划子段并进入新的规划航线或几个标准轨道之一，仔细观察目标，当接到恢复预定规划时，恢复执行预规划子段。

更复杂的任务可能包括几个可供选择的子任务，这类任务很重视时间的计算和燃油消耗的计算，以便在飞行器的总续航时间内按时完成子任务。为了辅助此类规划，需要有一个标准任务规划库。例如，对以特定地点为中心的小区域进行搜索的航线库，航线库的输入应包括指定地点、以该地点为中心的搜索半径及观察该区域的方向（俯视、从东边观察或从西边观察等），还包括预期的目标区域地形的复杂程度、待搜索目标的类别。基于已知的传感器性能，该传感器专门针对特定复杂地形中的目标类别，航线库将计算飞行规划，要求该规划能在相对于目标的最佳距离上安置传感器、设置传感器的搜索样式和速度，以及搜索该区域所需的总时间等。

形成的规划将纳入总飞行规划，该子任务所需的燃油消耗及时间也要添加到任务总表中。由于各个子任务都添加到任务总表中，因此规划人员要监控总的任务安排、掌握特定时间是否合适以及飞行器完成任务所需的总时间。

3. 飞行控制

一旦完成任务规划，地面站就要转变到对任务执行期的无人机系统所有要素进行控制这一基本功能上，这些基本功能包括：

(1)发射过程中飞行器的控制及下达飞行器发射指令。

(2)飞行途中对飞行器的控制，监控飞行器相对于任务规划的位置和飞行状态。

(3)维护新修改的任务规划。要考虑新修改的任务规划与预规划任务的偏差并确保没有超出系统的承受范围(留有足够的燃油让飞行器到达回收区域、飞行路线上没有高山阻挡及不会飞入禁飞区等)。

(4)对任务有效载荷的控制。

(5)控制有效载荷数据的接收、显示及记录。

(6)有效载荷数据(实际数据或根据数据得出的信息)向用户的传输。

(7)回收过程中对飞行器的控制。

地面站对飞行器发送指令，作为一个完整飞行子任务的一条单独指令发送出去。也就是说，发布一条单独指令让飞行器飞行相当长的一段距离，而不是一次只发布一小段距离的一系列指令。在地面给出的航线及其他常规命令的基础上，飞行器可自动驾驶。

无人飞行器具有很强的自主控制能力，这是通过预先编程实现的。例如，飞行器可以从一点自主飞向另一点，自主绕某一点盘旋的标准机动飞行，发射过程中的控制及爬升，回收过程中的控制等。飞行器也把一些预规划飞行子任务存储在无人机上以应付通信链路中断，力图稳定盘旋，恢复链路或在链路中断的一定预置间隔后自动返回回收区域。

飞行器操作员的工作职责应集中在对飞行器位置及状态的全面观察上，与当前的飞行器状态相对应的任务状态的显示，对任务指挥员执行任务管理至关重要。任务状态包括当前飞行器的位置、已完成的规划任务段、未完成的规划任务段，以及完成规划任务所需的时间(带有与剩余燃油及时间相关的标记)。操作员的输入包括选择菜单激活预定的飞行子任务，而不像飞行员对飞行器姿态和控制翼面的输入控制。操作员总是在"驾驶仪器"，是真正的飞行指挥员而不是飞行员。对有效载荷或传感器的控制可能比飞行器的控制更复杂，也更困难，其原因是传感器需要操作员实时控制并进行解译、识别工作，属于任务控制范畴。

在回收阶段，一些无人机系统采用直接领航引导无人机着陆。直接领航一般要求飞行器操作员走出任务规划与控制站方舱，并在回收的最后阶段目视观察飞行器，这种方法需要经过严格训练的操作员来执行。

4. 任务控制

任务控制指任务设备操控员通过任务控制台的键盘和任务操控杆完成对机载任务设备的指挥控制，主要完成拍照间隔设置、录像设置以及目标跟踪定位等操作。通过任务操控杆实现目标的锁定与跟踪，对于识别和定位目标具有重要意义。

目标定位过程中，首先确定飞行器位置，其他的要求就是确定从飞行器至目标的矢量角度及距离。该过程的第一步是确定相对于飞行器机体的传感器视线角度，通常通过读取传感器组件上陀螺的各角度就可得到。然后，这些角度必须与有关飞行器机体的姿态信息相结合以确定地球坐标系统上的角度。姿态信息来自机载惯性平台数据。由于传感器要相对于飞行器机体做旋转运动（甚至当传感器正在观察地面上的一个固定点时）并且飞行器机体总是处于运动之中，所以在同一时刻及时确定所有的角度就非常重要。最后，一个计算目标位置的因子是飞行器到目标的距离。如果有激光测距仪或雷达传感器，这个距离就可被直接确定。此外，这个距离要加注时间标记以与合适的角度数据集进行配对。

5. 数据处理

测绘无人机系统的地面站一般还应包括大量的数据处理功能。数据处理主要包括测绘成图、应急快速成图、三维重建和空中全景监测等，这些内容作为本书的重点，将在后续章节详细介绍。

6. 与其他应用系统的信息传输

该功能用于向其他指挥系统、应用系统快速分发无人机获取的信息和数据处理成果。这个过程不仅是在飞行任务结束以后，更重要的是在飞行任务执行期间，对获取数据进行多层次的分析和处理，并通过有线、无线通信系统将数据进行传输，及时得到应用方的反馈意见，再由飞行指挥人员对预先规划的任务立即进行修改，使地面站下一步工作更加有效。

3.1.2.3 地面站发展趋势

无人机地面站技术具有以下发展趋势。

1. 发展通用地面站

未来的地面站更具有开放性和兼容性，不必进行现有系统的重新设计和更换，就可以在地面控制站中通过增加新的功能模块实现功能扩展，不仅能控制同一型号的无人机群，还能控制不同型号无人机的联合机群。未来由不同部门根据各自的需要将分别重点开发不同类型的各种无人机，必须要最大限度地使用通用机载设备，避免重复研制，实现地面控制系统的标准化。

2. 重视一站多机地面站设计

一站多机指一个地面站系统可以控制多架甚至多种无人机。未来无人机地面站将朝着高性能、低成本、通用性方向发展，一站多机对地面站的显示和控制提出了更严格的要求。这种地面站设计可同时操控多架无人机，使用较少的操作员操纵更多的无人机，这样既提高了操作效率，也降低了人力成本。同时，这也对无人机自主控制能力提出了更大的挑战。

3. 发展更高效的数据链路

发展安全、可跨地平线、抗干扰的宽带数据链是无人机的关键技术之一。近年来，射频和激光数据链技术的发展为其奠定了基础。除了带宽要增加外，数据链也要求可用和可靠。数据链的可用指特定信号的覆盖区域和范围，可靠指信号的健壮性。对于不可避免的电子干扰，数据链需要采用复杂的信号处理和抗干扰技术（如扩频、调频技术等），并能够确保在数据链失效的情况下，无人机能安全返回基地。

发展可靠的、干扰小的、宽带宽的数据链路，以提高数据传输效率，其涉及的关键技术有数据链路的抗截获、抗干扰的编码、加密、变频、跳频、扩频与解扩技术，图像压缩与传输解压，以及高速信号处理技术等。

地面站系统还应实现与远距离的更高一级的指挥中心联网通信，及时、有效地传输实时测绘数据，接收指令，在网络化的现代作战环境中发挥独特作用。

4. 发展人工智能决策技术

该技术涉及无人机的自主控制问题，对无人战斗机显得尤为重要。这需要一些智能的、基于规则的任务管理软件来驱动安置在无人机上的综合传感器，保证通信连接，完成无人机与操纵人员的交互，使无人机不仅能确保按命令或预编程来完成预定任务，对已知的目标作出反应，还能对随机出现的目标作出相应反应。

3.2 无人机测绘任务规划

3.2.1 无人机测绘任务规划的内容

无人机的任务规划指在地面控制站对无人机所要完成的任务进行设定与统筹管理的工作，通常包括设定无人机出动位置、确定任务目标、规划飞行航线、配置任务载荷以及制定任务载荷的工作规划等。无人机测绘任务规划的主要目的是找出一条最佳飞行航线，以及制定出在该航线上对任务载荷的控制策略，在确保无人机安全的前提下，最大限度地发挥无人机任务载荷的作用，完成测绘任务。从时间上来说，任务规划可分为航前规划和实时规划。航前规划是在无人机起飞前制定的，主要是综合任务要求、气象环境和已有的情报等因素，制定飞行任务规划。实时规划是在无人机飞行过程中，根据实际的飞行情况和环境特征对先前规划进行适时的修改，包括应急方案，也叫重规划。

无人机测绘任务规划的主要内容有无人机的选择、飞行环境的选择和航线规划。

3.2.1.1 无人机的选择

执行测绘任务时，选择用哪种类型的无人机必须综合考虑无人机性能、测绘对象、测绘区域和测绘时限等因素。

1. 无人机性能

无人机测绘系统的整体性能主要受无人机性能的制约，主要包括无人机飞行性能和任务设备遥感探测能力两方面。

（1）飞行性能。无人机的飞行性能指无人机在飞行方面所具有的能力，主要取决于无人机的机体结构、气动布局和发动机三个方面，可以用飞行半径、飞行速度、飞行高度、转弯半径、爬升速率、续航时间、控制方式和起降方式等参数反映。

1)飞行半径，指无人机在加足燃料或充足电的情况下，往返飞行、执行任务能够达到的最远距离。它与无人机的飞行状态、气象条件和任务要求等因素有关，通常小于无人机航程的一半，常用单位为 km。

2)飞行速度，指无人机在空中运动的速度。飞行速度有空速和地速之分，相对于空气的飞行速度称为空速，相对于地面的飞行速度称为地速，飞行速度还有最大、最小、巡航飞行速度之分，常用单位为 km/h 或 m/s。

3)飞行高度，指无人机飞行时与地球基准水平面的垂直距离。飞行高度有绝对高度（海拔高度）、相对高度和真实高度之分。相对于海平面的飞行高度称为绝对飞行高度，相对于起飞平面的飞行高度称为相对高度，相对于地面的飞行高度称为真实高度。通常给出的最大升限指海拔高度，任务高度指真实高度，常用单位为 m。

4)转弯半径，指无人机转弯时的最小半径，是无人机空中机动能力的重要指标之一，常用单位为 m。

5)爬升速率，指无人机在单位时间内上升的垂直距离，常用单位为 m/s。

6)续航时间，指无人机从起飞至着陆在空中飞行的时间，也称为滞空时间，常用单位为 h 或 min。

7)控制方式，指控制无人机飞行状态和工作状态的方法。对无线电控制来说，通常给出控制方法和控制距离。

8)起降方式，是无人机的起飞方式和降落方式的统称。无人机常用的起飞方式有发射架发射起飞、轮式滑跑起飞、母机投放起飞和垂直起飞等四类。常用的回收方式有伞降回收、阻拦网回收和滑降回收三类。

(2)遥感设备的探测能力。遥感设备的探测能力指无人机机载遥感设备发现、识别和跟踪目标的能力。遥感成像设备有照相、电视、红外、合成孔径雷达等多种手段，但不论何种遥感手段一般都能用探测距离、探测范围、分辨率和工作环境描述其探测能力。

1)探测距离，指遥感设备的作用距离，通常在技术指标中给出发现距离和识别距离，常用单位为 km 或 m。

2)探测范围，指遥感设备能同时探测到的区域，也就是遥感设备一次所能覆盖的最大探测范围，通常以视场角的形式给出，单位为(°)。

3)分辨率，指遥感设备区分相邻两个目标的能力，分辨率有距离分辨率和角度分辨率之分，常用单位分别为 m 和°。

4)工作环境，指遥感设备的适用工作条件，即白天、夜间、阴雨天等。

2. 测绘对象

测绘对象指无人机测绘需获取的目标及目标信息。这里所说的目标信息特指目标的影像信息和位置信息。按目标性质的不同，测绘对象分为军用目标和民用目标。目标的种类不同，其反映出的影像特征和位置特征就有所区别。限于篇幅，这里仅介绍几种典型的目标类型。

(1)按目标是否具有运动能力,测绘对象分为固定目标和活动目标。

1)固定目标,也称为静态目标,指那些自身不具有运动能力,又不便于移动位置的目标,例如车站、码头、油库、机场等,这类目标的位置参数通常是固定不变的。

2)活动目标,也称为动态目标,指那些自身具有运动能力,或借助外力方便移动的目标,例如汽车、火车、飞机、导弹发射架等,这类目标的位置参数是经常变化的。

(2)按目标的形状,测绘对象分为点状目标、线状目标和面状目标。

1)点状目标,指那些尺寸不大,面积较小的目标,例如铁塔、纪念碑等,这类目标的位置通常可以用一个定位坐标点表示。

2)线状目标,指那些形状是长条形或折线、曲线的目标,例如道路、行驶中的车队等,这类目标的位置通常需要用多个坐标点串表示。

3)面状目标,指面积较大或分布面积较大的目标,例如农田、机场等,这类目标的位置通常需要用多个坐标点连成一个闭合区域边界表示。

(3)按目标所处的位置,测绘对象分为陆上目标和水上目标。这类目标也可分为点状、线状和面状类型。

1)陆上目标,指位于地面的活动或固定目标,例如居民区、农田、路口、车辆等。

2)水上目标,指处在水中的活动或固定目标,例如舰船、海上钻井平台、油污带等。

测绘目标的特征对无人机测绘提出了不同的需求,这也是选择无人机机型时必须考虑的因素。

3. 测绘区域

测绘区域指测绘单位承担的测绘任务所覆盖的空间范围。无人机的测绘区域指无人机测绘单位所承担的遥感测绘任务覆盖的空间范围,这个范围也可能随时间变化,是无人机测绘任务在空间和时间上的表现形式。

测绘区域确定后,应根据监测区域范围的大小和地形、地物、气象特征选择合适的无人机测绘系统。

4. 测绘时限

测绘时限指由用户方和工作方共同协商确定的完成无人机测绘任务的起止时间。无人机测绘单位受领任务后,通常要经过组织准备、展开、测绘实施、成果处理等阶段,对于不同的测绘任务、不同的任务环境、不同的测绘能力,其在每一阶段所需的时间有很大差别,其中具体测绘任务的需求是最重要的。例如,应急救援时,无人机的测绘时限就要求非常短。因此,测绘时限也是在选择无人机类型时一个必须考虑的因素。

3.2.1.2 飞行环境的选择

1. 现地勘察

作业人员需对无人机航拍区或航拍区周围进行现地勘察,收集地形地貌、地表植被以及周边的机场、重要设施、道路交通等信息,为无人机起降场地的选取、航线规划、应急预案制定等提供材料。

2. 飞行环境条件

作业人员要根据掌握的环境数据资料和无人机系统设备的性能指标，判断飞行环境条件是否适合无人机的飞行，如不适合，应暂停或另选环境飞行。飞行环境条件主要有以下几项。

(1)海拔高度。无人机的升限高度应大于当地的海拔高度加上航高。

(2)地形地貌条件。沙漠、戈壁、森林、草地、大面积的盐滩、盐碱地等地面反光强烈的地区，当地正午前后 2 h 内不应摄影；陡峭山区和高层建筑物密集的大城市为尽量避免阴影，应在当地正午前后 1 h 内摄影。

(3)风向和风力。地面的风向决定了无人机起飞和降落的方向，空中的风向决定了无人机飞行作业的方向，风力对无人机平台的稳定性影响很大，进而影响无人机测绘的图像质量。

(4)温度和湿度。当地的环境温度应在维持无人机设备正常工作的温度区间内，同时，当地的环境湿度应不影响无人机设备的正常工作。

(5)含尘量。首先，起降场地地面的尘土情况应不影响无人机操作员观察无人机的飞行姿态，不影响无人机的起飞和降落；其次，无人机在空中进行测绘作业时，要保证能见度，确保航摄影像能够真实地表现地面细节。

(6)电磁环境和雷电。操作人员要保证无人机导航及数据链路系统正常工作不受电磁环境和雷电的干扰。

(7)云量、云高。操作人员既要保证具有充足的光照度，又要避免过大的阴影；当云层较高时，可实施云下测绘作业。

3. 飞行起降场地的选择

不同类型的无人机的起降方式不同，对飞行起降场地的要求不同。综合地形环境、气象环境、电磁环境等因素，无人机飞行起降场地应满足以下通用性要求。

1)起降场地相对平坦、通视良好；

2)起降场地周围不能有高压线、高大建筑物、重要设施等；

3)起降场地地面应没有明显凸起的岩石块、土坎、树桩，也无水塘、大沟渠等；

4)附近应没有正在使用的雷达、微波中继、无线通信等干扰源，在不能确定的情况下，应测试信号的频率和强度，如对系统设备有干扰，须改变起降场地；

5)采用滑跑起飞、滑行降落的无人机，滑跑路面条件应满足其性能指标要求；采用手抛、弹射等起飞方式的无人机对于路面要求较低，只需路面保证一定的平整度。

3.2.1.3 航线规划

无人机航线规划指，在一定的约束条件下，从起始点到目标点，寻找满足无人机机动性能及环境信息(地形数据、威胁情况)限制的，生存概率最大、完成任务最佳、综合指标最优的飞行轨迹。

无人机航线一般可以分为三个部分，即前往任务区域的航线、任务区域内的航线和返回降落区的航线。前往任务区域的航线和返回降落区的航线一般都为突防航线，以规避危险因素为主。任务区域内的航线为任务航线，以成像质量和覆盖率为主要考虑因素。综合考虑任务和安全因素进行航线规划，情况复杂，很可能得不到完全理想的规划结果，因此，通常将无人机航线分为突防航线和任务航线两类，分别进行航线规划。

3.2.2 无人机测绘任务航线规划

在制定无人机测绘任务航线规划时，要根据任务情况、地形环境情况、无人机飞行性能、天气条件等因素，设置航线规划参数，计算得到具体的飞行航线。

3.2.2.1 任务航线规划的参数

参考传统的航空摄影测量作业与无人机低空测绘作业的特点，可以将无人机任务飞行参数分为以下几类。

1. 成像参数

成像参数包括地面像元大小(比例尺)、影像旁向重叠度和航向重叠度。成像参数直接决定了后续数据处理和成图的质量。

2. 任务飞行参数

任务飞行参数指，在航拍任务飞行作业中无人机的各项飞行要求和执行测绘任务的要求。任务飞行参数的科学性、准确性将影响成像质量和作业效率。任务飞行参数包括以下几项。

(1)飞行高度(航高)，无人机任务飞行相对于平均地平面的高度。

(2)飞行速度，无人机任务飞行设定的突防速度和巡航速度。

(3)飞行方向，一般采用正东西或正南北的顺序以及逆序向。

(4)飞行摄线长度，任务飞行方向作业区域长度。

(5)摄线数量，飞行在任务作业区域航摄线实际条数。

3. 硬件参数

硬件参数主要指机载相机参数，包括相机分辨率、相机镜头焦距、相机存储容量、相机快门差等。其中，相机快门差是飞行控制系统中快门指令发出到实际曝光的时间差。

4. 环境和其他影响因子

环境参数对飞行有很大影响，作为飞行适宜性和飞行轨迹的主要参考，它包括地面平均高、地面高差、风向、风速等。

3.2.2.2 任务航线参数计算

1. 计算流程

任务航线参数确定算法包括正算模型和反算模型两类。

（1）正算模型算法。正算模型算法指直接通过成像参数和主参数计算出以任务飞行参数为主的计算参数的方法。正算模型的计算参数明确，计算速度快，是主要的计算方法，但最后得到的计算值有可能不完全符合飞行环境和飞行设置的要求。

（2）反算模型算法。反算模型算法指根据飞行环境确定计算参数，通过计算参数和主参数结合计算出成像参数，并评估成像参数是否符合成像要求的方法。反算模型适合复杂的飞行环境和飞行设置，但是需要多次计算完成。

2. 计算方法

无人机测绘以完成测绘任务为目标，航线计算一般采用满足成像参数（目标参数）要求的正算模型算法，通过成像目标参数和主参数进行计算，其中包括目标像元大小 P、航向重叠度 A、旁向重叠度 D、数码相机 CMOS 或 CCD 的大小 $C(C_航 \times C_旁)$、焦距 f、分辨率 $R(R_航 \times R_旁)$ 和快门时间差 I。

无人机测绘过程一般采用横向拍摄，即相机长像幅与航线垂直的方法，飞行方向为像片的短边，垂直方向为像片的长边。

（1）航高的计算。在无人机影像拍摄中，所使用的传感器一般是数码相机或摄像机，所拍摄的影像直接是数字影像，摄影比例尺主要由地面分辨率确定。

地面摄影像幅为 $K \times V$，其中像元大小：

$$P = \frac{K}{R_航} = \frac{V}{R_旁} \tag{3-12}$$

则

$$K = PR_航, \quad V = PR_旁 \tag{3-13}$$

根据摄影成像公式：

$$\frac{f}{H} = \frac{C_航}{K} = \frac{C_旁}{V} \tag{3-14}$$

推导得

$$H = f\frac{K}{C_航} = fP\frac{R_航}{C_航} \tag{3-15}$$

即飞行高度由焦距 f、目标像元大小 P、传感器尺寸 C 和分辨率 R 确定。

（2）摄影基线长的计算。其计算公式为

$$L_基 = 2K - AK = (2-A)PR_航 \tag{3-16}$$

即摄影基线由分辨率、航向重叠度和像元大小决定。

（3）航线间隔的计算。由于航线和摄线是平行线，所以航线间隔与摄线间隔相同。航线间隔是两张像片中心的横向距离，即

$$L_间 = 2V - D\frac{V}{2} \tag{3-17}$$

（4）转向线长和摄线长的确定。摄线长由摄影区域和飞行路线确定，一般采用来回直线和转向弧线组合的方式，转向弧线由无人机飞行性能和航线间隔决定。

飞行速度与无人机飞行性能和航电系统有关。摄影基线长是由相机拍摄相隔时间决定的，摄影中控制系统和摄影快门有一时间差，必须进行修正，以提高拍摄位置的准确性。

(5)航线最大高差。无人机飞行高度以主要地平面高度为主，在丘陵地带，山丘比较多，会对飞行造成一定危险；高度不同会造成成像分辨率差别较大，数据处理将出现困难。因此，飞行时飞行平均高度与航线中最高点的高差必须控制在一定范围内，根据高差分析其飞行适宜性。由于摄影像素差需要控制在四倍以内，同时要保证飞行安全，所以，一般航线高差不能超过飞行高度的50%。如高差超过飞行设计高度的50%，则不适宜进行低空飞行作业，或者需要更换更高像素的数码相机后调高飞行高度。

3.2.2.3 任务航线的布设

任务航线的布设是任务航线规划的中心工作，主要分为三种类型。

1. 测绘点状目标

航线布设主要根据目标点的位置而定，布设的航线要保证无人机以平稳姿态经过各目标点的正上空，可以一次通过或小范围扫描，也可以在其上方布设盘旋航线，如图3-1所示。

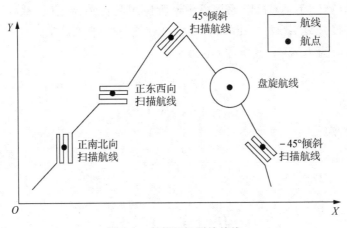

图3-1　点状目标测绘航线

2. 测绘线状目标

测绘线状目标时，一般情况下，都是随着线状目标的中线正上空布设巡航航线。线状目标呈带状分布且宽度较大时，可以布设来回平行的航线，如图3-2所示。

3. 测绘面状目标

测绘面状目标时航线的布设必须要保证足够的航向重叠和旁向重叠，实现无缝监测任务区域。一般采用扫描航线，可根据任务航线参数计算式分别计算出任务航高、摄影基线长度和航线间隔等航线参数。为保证无人机转弯航线不在测绘任务区域范围内，实际的航线区域范围应大于测绘任务区域范围。因此，需要在航带的两端各延长一段距离作为无人机进入航带和离开航带的扩展航线。也就是说，每一条航带有四个航点，即进入航带航点、开始拍摄航点、停止拍摄航点、离开航带航点。如图3-3所示，图中航点"1"为进入航带航点，航点"2"为开始拍摄航点，航点"3"为停止拍摄航点，航点"4"为离开航带航点。

一般采用无人机系统在给定条件下的最小转弯半径作为航带两端延长出的距离。

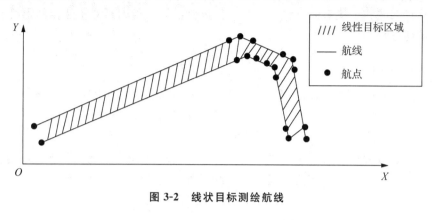

图 3-2　线状目标测绘航线

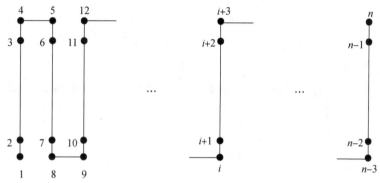

图 3-3　无缝覆盖目标区域的扫描航线

如果需要测绘的目标包括点状、线状、面状三类目标中的两种或两种以上，航线布设可以选择以上几种航线组合的方式。

3.2.3 顾及威胁因素的无人机航线规划

当前，无人机在测绘、战场侦察、电子对抗、炮兵校射等众多军事领域得到广泛应用。但是随着防空雷达技术的飞速发展，地面防空系统的探测距离、打击范围和干扰能力等迅速提高、对无人机等飞行器构成越来越严峻的生存威胁。无人机突防技术指无人机利用地球曲率和地形起伏造成的低空雷达盲区作为掩护，安全迅速地突入敌区执行任务作业的一种飞行控制技术。无人机能否成功地突破敌方密集的防空体系，安全突防到达预定区域，遂行测绘任务，必然成为无人机测绘运用中首要关注的问题，因此，考虑到威胁因素的航线规划是无人机测绘任务完成的关键。

3.2.3.1 无人机飞行威胁因素

1. 雷达威胁

目前，对空警戒雷达是长距离探测、识别和跟踪目标最重要的设备。雷达方程是描述雷达系统特性的最基本的数学方程，在雷达方程的完整形式中，考虑了雷达系统参量、目标参量、背景杂波和干扰影响、传播影响、传播介质等多种因素对雷达作用距离的影响。

经典雷达方程为

$$P_R = \frac{P_T G^2 \lambda^2 \sigma F^4}{(4\pi)^3 R^4 C_B L} \tag{3-18}$$

式中：P_R 为雷达接收机收到的回波信号功率；P_T 为雷达发射机的输出功率；G 为天线增益；λ 为雷达的工作波长；σ 为目标的雷达散射截面积；C_B 为滤波器与信号波形的匹配程度系数；L 为损耗因子；R 为目标到雷达的距离。

在建立雷达方程模型时，由于目标到雷达之间的距离 R 对雷达的发现概率起着重要作用，而雷达又存在一个最大作用距离 R_{max}，所以可以简化雷达探测概率模型，近似表示为

$$P_D = \begin{cases} 0, & R \geqslant R_{max} \\ \dfrac{R_{max}^4}{R^4 + R_{max}^4}, & R < R_{max} \end{cases} \tag{3-19}$$

式中：R 为目标与雷达之间的距离；P_D 为该目标被雷达探测到的概率。

2. 电磁干扰威胁

通常情况下，可以将地面对空电磁干扰机的作用范围简化为半球形，该半球以干扰机发射位置为中心，以最大作用距离 R 为半径，其与干扰机的功率有关。

电磁干扰作用区域模型为

$$\left. \begin{array}{l} X = R\sin\alpha\cos\beta \\ Y = R\sin\alpha\sin\beta \\ Z = R\cos\alpha, \ Z > 0 \end{array} \right\} \tag{3-20}$$

式中：R 为作用半径；α 为半径与 Z 轴正向的夹角；β 为半径在 XY 平面的投影与 X 轴正向的夹角。

$$R > 0, \ 0 < \alpha < \pi, \ 0 < \beta < 2\pi \tag{3-21}$$

3. 防空火力威胁

暴露在防空火力面前的无人机被击落的概率 P_M 表示为

$$P_M = P_v P_{\frac{k}{v}} \tag{3-22}$$

式中：$P_{\frac{k}{v}}$ 为在被导弹发现后被击落的概率，为常数；P_v 由无人机和导弹阵地之间的几何关系决定的，令 Δh_{AS} 表示无人机在导弹阵地上的高度，R_S 为无人机和导弹之间的斜距，α 为视线的俯角，K_0 为比例系数，P_v 可近似表示为

$$P_v = K_0 \frac{\Delta h_{AS}}{R_S} = K_0 \sin\alpha, \ 0 \leqslant \alpha \leqslant 90° \tag{3-23}$$

则

$$P_M = K_0 \sin\alpha P_{\frac{k}{v}} \tag{3-24}$$

3.2.3.2 无人机突防航线规划因素

在无人机航线规划过程中需要协调多种因素之间的关系，这些因素往往相互影响，具

体来说，无人机突防航线规划需要考虑以下因素。

1. 无人机的生存能力

在无人机航迹规划过程中，首先要尽量降低被敌方预警雷达和截获雷达探测到的概率，避开敌方电子干扰和火力打击区域，提高无人机的战场生存能力。

2. 无人机约束条件的限制

进行航线规划时，必须考虑无人机技战术性能的物理限制，仅考虑生存能力，无人机将不可能按理想的航线进行飞行。突防航线规划通常考虑的约束条件有以下几点。

1)航程约束 L_{max}，主要考虑燃料的限制或者到达目标的时间要求，不能超过最大航程。

2)最大转弯角 β_{max}，无人机在可行航路上任一点的转弯角不能大于预先确定的最大转弯角，主要考虑水平操纵性能限制。

3)最大爬升/俯冲角 α_{max}，这是限制无人机在垂直平面内上升或下滑的最大角度，避免撞地危险。

4)最小步长 L_{min}，即无人机在可行航路上改变一种飞行姿态前必须直飞的最短距离，主要考虑飞行效率和便于导航。

5)最大和最小飞行高度 H_{max}、H_{min}，无人机飞行时离地面过低会导致撞地概率很大，最小飞行高度为 H_{min}；同时，为了使无人机进行航拍时具有足够的分辨率和视野，又不能飞得过高，最大高度记为 H_{max}。

6)固定目标进入方向 θ_{direct}，约束无人机必须从某个预先确定的方向接近目标，在执行某些特定任务时有此项限制。

3. 实时性要求

现代战争中：一方面，战场环境瞬息万变，难以保证环境的固定性；另一方面，由于任务的不确定性，经常需要改变原有的任务转而执行突发任务。在这些情况下，不可能再按照原来规划的航迹完成任务，这时就必须根据环境和任务的变化，实时规划出最优航线，以满足不同需求。

3.2.3.3 常用的无人机突防航线规划算法

一般将无人机航线规划算法分为确定性搜索算法和随机搜索算法。确定性搜索方法有基于最优控制原理的方法和基于动态规划或启发式搜索的状态空间搜索方法。随机搜索方法有遗传算法和蚁群算法等优化算法。

1. Voronoi(沃罗诺伊)图算法

利用 Voronoi 图研究航迹规划，一般先根据航迹规划空间区域内的威胁建立对应的 Voronoi 图，再利用优化算法搜索最优航线，平面 Voronoi 图可以形象地看成一组生长点以同等速度向四周扩展、直到相遇为止所形成的图形。两个相邻的生长点具有公共的

Voronoi 边。Voronoi 边的交点称为 Voronoi 节点。Voronoi 节点与至少三个生长点的距离相等，即 Voronoi 节点是至少三个生长点构成的外接圆圆心。一个生长点的 Voronoi 边所围成的封闭图形为 Voronoi 多边形。对于给定的一组生长点，对应的 Voronoi 图是唯一的。对于某一个生长点而言，落在其 Voronoi 多边形内的点均距其最近，可视为该生长点的影响范围。每一个 Voronoi 多边形的平均边数不超过六条，这表明删除或增加一个生长点，一般只影响约六个相邻的生长点，表明 Voronoi 图具有局部动态性。

根据无人机航迹规划空间区域内的威胁构建 Voronoi 图，需要考虑不同威胁源的威胁程度。基于 Voronoi 图的航迹规划算法第一步是生成初始航迹，首先通过已知的敌方雷达或威胁点位构造 Voronoi 图，Voronoi 图的边界就是所有可飞的航迹，根据威胁源的强度大小和边的长短给出各边的相应权值，最后使用某种搜索算法，如 Dijkstra 算法等搜索出两点间的最优的航迹，建立起无人机的初始飞行路线。

2. 启发式搜索算法

启发式搜索（A ∗）算法是人工智能中的一种算法，利用问题中的启发信息引导搜索过程，达到缩小搜索范围，降低问题复杂度的目的。利用 A ∗ 算法进行航迹规划时，通常将航迹规划环境表示为网格的形式，将每一个网格单元视为可能到达的节点。A ∗ 算法从起始节点出发，首先针对当前位置计算每一个可能达到的网格单元的代价，然后将具有最低代价的网格单元加入搜索空间，这一新加入搜索空间的网格单元又被用来产生更多的可能路径。在不断优先、扩展这些能够使代价函数值较小的节点的过程中，逐步形成一个节点集合，集合内节点的有序连接即为所求优化路径。A ∗ 算法中的代价函数也称为目标函数，表示为

$$f(n) = g(n) + h(n) \tag{3-25}$$

式中：n 为待扩展的节点；$g(n)$ 为从起始点到当前点 n 的代价；$h(n)$ 为从当前点 n 到目标点的代价估计，称为启发函数；$f(n)$ 为从起始点经过节点 n 到达目标点的最小代价路径的估计值，A ∗ 算法实际上是每次从候选节点中选择 f 值最小的节点，将其插入可能路径的节点序列中。理论上已经证明，只要启发函数 $h(n)$ 满足可接纳条件，即 $h(n)$ 小于或等于从当前节点到目标点的真实代价，并且搜索图中存在可行解，A ∗ 算法就一定能够找到其中的最优解。

理论上，对于航迹规划空间中的任意一个位置，航迹可以从任意方向通过，导致下一个点的位置存在无数种可能性。在实际应用中，将航迹规划空间表示为网格，搜索下一个可能的航迹点时，一般只考虑当前航迹点所在网格单元的邻域中的网格单元。采用平面矩形规则网格时，一般使用 8 邻域和 24 邻域。一般来说，考虑的邻域范围越大，生成的航迹越精确，但计算求解过程需要的存储空间越大，收敛速度越慢。

利用 A ∗ 算法进行无人机航迹规划，一般将最小航迹段长度、最大拐弯角、最大爬升/俯冲角、航迹距离约束、飞行高度限制、地面目标位置进入方向等约束条件结合到搜索算法中，以达到缩小搜索空间、缩短搜索时间的目的。

在最小航迹段长度 L、最大拐弯角 β_{max}、最大爬升/俯冲角 α_{max} 等约束条件内，无人机可能到达的下一位置被约束在一个有限的空间区域中，可以按照一定规则将该区域细分成若干子区域，针对每个子区域进行代价计算，搜索得到代价最小的节点。图 3-4 中，由最小航迹段长度、最大拐弯角、最大爬升/俯冲角等条件约束下的空间区域表示为一个由四棱锥和球面包围的区域。其中，四棱锥的顶点为无人机当前位置，顶点处的纵向张角为 2θ，水平张角为 2φ，球面半径为 L。

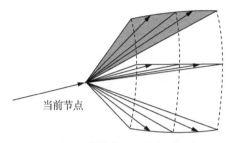

图 3-4　当前节点的可行搜索空间

航迹距离约束对应于无人机在有限燃料条件下航迹的最大长度 d_{max}。航迹搜索过程中，从起飞点到当前飞行位置的距离记为 D，当前飞行位置到下一个飞行位置 i 的距离记为 S_i，若 $D+S_i=d_{max}$，则将第 i 个节点视为无效。

无人机的飞行高度受自身性能的制约，同时要考虑避开各种障碍。在特定的飞行任务中，无人机的飞行高度作为约束条件，用来剔除搜索过程中超出飞行高度范围的节点。

地面目标位置进入方向指要求无人机从特定的方向接近目标。如图 3-5 所示，以地面目标为中心设置一个桶形区域，L 为最小航迹段长度，要求无人机从桶形上方开口内飞临目标上空，一般桶形上方开口处的代价设置得较小，而桶形区域内部的代价设置得很高。当无人机从开口处接近目标，其相对距离小于 L 时，航迹搜索过程结束。

3. 遗传算法

遗传算法是一种模拟达尔文的遗传选择和自然淘汰的生物进化过程的计算模型。遗传算法通过由一组个体(染色体)形成的种群进行工作，种群中的每一个个体代表原问题的一个可能的解。所有个体按照一定的评价机制赋予适应值，适应值反映了个体所表示的原问题解的好坏程度，适应值高的个体在进化过程中生存的可能性更大，对个体进行评价并按其适应值大小进行选择的过程称为繁殖。适应值高的个体通过交叉算子繁殖成子个体，适应值低的个体被选择繁殖的概率很小，因而更容易被淘汰。变异算子只以很小的概率作用于种群中的个体，它通过对个体的某一分量进行随机修改，将新的基因结构引入种群，利用遗传算法解决实际问题通常包括个体的表达机制(基因编码方式)、个体的评价准则、选择优良个体的机制、基因操作、控制参数、进化过程的终止准则等部分。遗传算法的基本进化周期如图 3-6 所示。

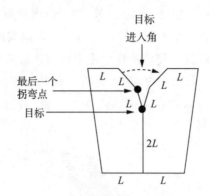

图 3-5　具有高代价的桶形区域

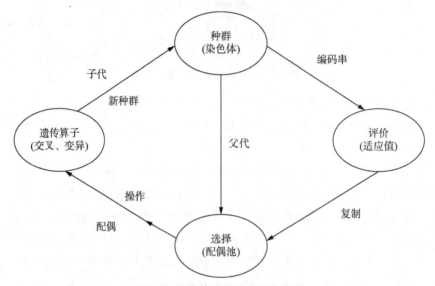

图 3-6　遗传算法的基本进化周期

在求解航迹优化问题时，遗传算法将优化问题当作一个生存环境，将问题的一个解当作生存环境中的一个个体，以目标函数值或其变化形式评价个体对环境的适应能力，在模拟由一定数量个体组成的群体的进化过程中，通过优胜劣汰，最终获得最好的个体，即问题的最优解。

每个染色体表示一条航迹，它由一系列航迹节点构成，航迹节点之间用直线段连接。在初始化的时候，为无人机随机的生成大小为 P 的种群，对种群中的所有个体计算其评价值，并据此从小到大排序。

首先，设计一个带有 P 个选格的选择轮盘，每个选格的大小按其序号的增加而递减。在每次选择时，每个个体被选中的概率与其评价值不成比例，但较优的个体被选中的概率较大。每次迭代过程中，利用选择轮盘从种群中选取 S 个个体组成繁殖池。

其次，按一定的概率机制选择不同的进化算子作用于被选出的 S 个个体。交叉算子将两个父个体重新组合，生成两个新的子个体。变异算子对一个父个体进行作用，通过改变其中间节点生成一个新的子个体。在要求无人机航迹满足按指定方向飞临目标时，选取定向扰动算子作用于第$(n-1)$个节点，但此时其他变异算子不能再作用于该节点。将新生成的个体添加到种群中，并对其进行评价，每个子种群将包含$(P+S)$个个体，将其中S个最差的个体删除，使种群恢复到原来的大小。新生成的个体只有在比种群原有最差个体优越时，才可能进入下一代。

若迭代过程进行到预定最大次数，或者在若干次迭代中最优个体的适应值稳定不变，则迭代过程终止，如图 3-7 所示。

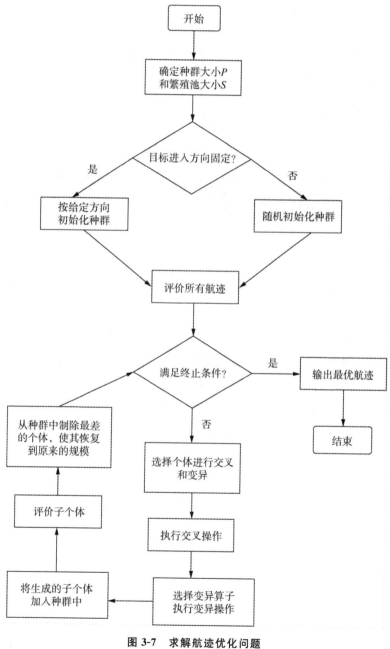

图 3-7　求解航迹优化问题

4. 蚁群算法

蚁群算法是继遗传算法之后的又一种新兴的启发式搜索算法。它是一种概率搜索算法，利用生物信息激素作为蚂蚁选择后续行为的依据，每只蚂蚁会对一定范围内其他蚂蚁散布的生物信息激素作出反应，依据生物信息激素的强度在每一个道口对多条路径选择做出概率上的判断并执行该选择，由此察觉到并影响其以后的行为，通过数次迭代产生全局最优解，形成一种正反馈机制。

蚁群算法的搜索特点具有良好的动态特性、分布性、协同性，这对于航路规划中的动态自适应问题特别有效，而且由于采用了正反馈机制，该算法的收敛速度也比较快，本节的后续内容将重点介绍基于蚁群算法的航线规划方法。

3.2.3.4 基于改进蚁群算法的无人机低空突防三维航线规划方法

蚁群算法最重要的特点是创造性地使用了启发信息，本节在建立无人机航线规划模型的基础上，通过引入偏航角对启发信息进行调整改进，运用优先搜索集策略，可以快速、有效地搜索到低空突防的最优航线。突防飞行中，威胁信息发生变化后，该算法也能快速建立新的航线规划模型，实时生成新的最优航线。

1. 无人机航线规划建模

为了模拟无人机的飞行环境，需要先建立规划空间，并建立地形模型、威胁模型以及航线代价评估模型。

(1)规划空间的建立。规划空间指在进行航线规划时涉及的三维飞行范围，即在这个范围内为无人机规划可飞航线。在进行航线规划之前，必须将飞行环境中与航线规划相关的要素(地形、威胁等)表示成规划空间中的符号信息。

将整个规划空间进行三维网格划分后，网格交织的每个顶点作为空间信息节点，节点可进行树状结构组织管理，节点包含的元素可表示为

$$n_{node} = \{x, y, z, f_{flag}, c_{cost}, f_{father}, h_{hig}\} \tag{3-26}$$

式中：(x, y, z)为节点位置信息，代表地形数据；f_{flag}为可飞区域边界标志，对可飞区域和边界进行划分，可用 0、1 表示；c_{cost}为该节点的综合代价；f_{father}为该节点层次父节点位置信息；h_{hig}为撞地标志，表示满足最小离地高度与否。当威胁环境信息发生变化时，可更改f_{flag}的值，及时更新数据。

规划空间节点的设置既要考虑无人机航线规划的精度，空间节点越密集，可行航路的规划就越精确；考虑到无人机水平及俯仰方向的操作限制，当前节点与相邻节点的无人机运动应满足航线规划约束条件，因此空间节点的设置不能过密，满足航线约束是其设置的根本依据。

(2)地形模型的建立。依托各种比例尺数字地图、卫星影像作为数据源，可构建三维地形模型如图 3-8 所示。

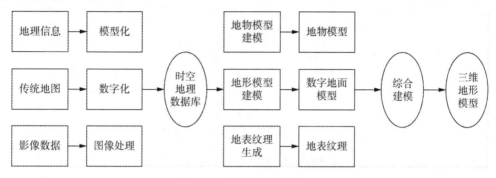

图 3-8　三维地形模型的构建

从模型中可以看出，主要存在数字地面模型、地表纹理、地物模型三种类型的中间数据，其中作为基础数据的地图数据和影像数据在流程中起着重要作用。一方面，栅格地图数据和数字影像数据可作为地表纹理直接贴在地形的表面；另一方面，矢量地图数据中的等高线数据可用于构建数字地面模型，地物数据用于构建地物模型，符号化的矢量数据也可直接生成地表纹理。

三维地形模型是无人机航线的规划空间，并作为航线规划的数据基础和航线可视化表达的显示环境。

(3)威胁模型的建立。威胁模型的建立是无人机执行低空突防飞行任务的核心问题之一，是航线规划和航线危险性评估的计算依据。根据前面公式可以计算出常见的雷达威胁、电磁干扰和防空火力威胁模型。

将威胁信息与三维地形模型共同融合成一种综合的地形信息模型，这种方法将对已知威胁的规避转化为地形规避，简化了航线优化算法，可以有效地缩短航线规划时威胁处理的时间。下面以地空导弹为例说明如何转化。

将威胁模型等效为地形模型时，地形的高度值表示威胁度的大小，在威胁作用范围之内，等效地形高度值高的点威胁度大，等效地形高度值低的点威胁度小。其中，威胁度的大小以及各俯角 α 方向上的击落概率 P_M 和导弹的最大作用半径 R 有关，导弹的作用半径也和视线俯角 α 有关，可用 $R=f(\alpha)$ 表示，如图 3-9 所示。假设导弹在各方向上的作用半径均为常数对于其他防空火力的威胁，那么只要将作用半径和视线俯角 α 的函数关系式中的 R 取 R_0，就可以推导出类似的等效地形模型。

$$\left.\begin{array}{l} \Delta h = R_0 \sin\alpha \\ r = R_0 \cos\alpha \end{array}\right\} \tag{3-27}$$

式中：Δh 为威胁等效的地形高度；r 为地形点相对威胁的水平距离。

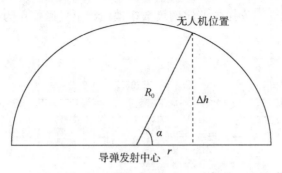

图 3-9 地空导弹威胁等效为地形模型

由式(3-27)确定的空间曲面是威胁最大作用空间的包络曲面,但该曲面没有很好地利用 α 较小的时候存在的探测盲区,依据这样的曲面规划出的航线并不是回避威胁的最优航线。由导弹杀伤概率的公式可以看出,在 $\alpha \in [0°,90°]$ 范围内被击中的概率随 α 值的减小而减小。因此,可采用 P_M 作为威胁曲面的修正系数,对距离地空导弹中心 r 处的等效地形高度值进行修正。假设 K_r 为修正因子,Δh_c 为修正后的等效地形高度值,则修正后的曲面参数方程为

$$\left.\begin{array}{l} \Delta h_r = K_r P_M \Delta h = K_r P_M R_0 \sin\alpha = K_r P_v P_{\frac{k}{v}} R_0 \sin\alpha = K_r P_{\frac{k}{v}} K_0 R_0 \sin^2\alpha \\ r = R_0 \cos\alpha \end{array}\right\} \quad (3\text{-}28)$$

当 $r=0$,即 $\alpha=90°$ 时,无人机被击落的概率 P_M 达到最大值,此时修正前、后的高度应相等,即 $\Delta h = \Delta h_c$,由式(3-28)得

$$K_r = \frac{1}{P_{\frac{k}{v}} K_0} \quad (3\text{-}29)$$

设导弹的中心坐标为 (x_0, y_0),威胁作用范围内相应点坐标为 (x, y),则

$$r = \sqrt{(x-x_0)^2 + (y-y_0)^2} \quad (3\text{-}30)$$

将式(3-30)代入式(3-27),可以导出 Δh_c 与 (x, y) 之间的函数关系:

$$\Delta h_c = \begin{cases} \dfrac{R_0^2 - (x-x_0)^2 - (y-y_0)^2}{R_0}, & r \leqslant R_0 \\ 0, & r > R_0 \end{cases} \quad (3\text{-}31)$$

因此,将导弹威胁等效为地形时为一旋转抛物体,其形状类似一座山。电磁威胁、防空火炮威胁和地空导弹威胁类似,均能够生成类似的山峰地形。威胁模型等效为地形模型之后,需要将各种威胁等效的地形模型进行叠加。叠加数学方程式为

$$z(x, y) = \max[z_1(x, y), z_2(x, y)] \quad (3\text{-}32)$$

将威胁等效的地形与规划空间的数字地形叠加后,得到融合后的规划空间模型。

(4)航线代价函数。无人机的航线规划主要考虑目标是地形隐蔽、威胁规避下的低空三维航线,因此可采取按照最小威胁、最大遮蔽效果和最短航路加权的方法建立航线代价函数,具体为

$$F(R) = \sum_{i,j \in n} (\omega_1 C_l^{ij} + \omega_2 C_t^{ij} + \omega_3 C_h^{ij}) \quad (3\text{-}33)$$

式中：R 为整条航线，$F(R)$ 为整条航线的代价；(p_i, p_j) 为航线 R 中相邻两节点，$C^{ij}(p_i, p_j)$ 表示该航线线段的代价；C_f^{ij} 为该航段燃油代价；C_t^{ij} 为该航段综合威胁代价，包括地形、探测威胁(如雷达)和火力威胁(如地空导弹、高炮等)的综合代价，表明航线规避威胁的能力；C_h^{ij} 为该航段高度代价，表明航线地形匹配的能力；加权系数 ω_1、ω_2、ω_3 可根据不同任务决策侧重点进行选择。

　　考虑到航线长度、高度、威胁这三个量的值往往不是同一个数量级的，甚至可能相差好几个数量级。比如航线长度是几十千米的，这必然导致航线规划的结果对权重值 ω_1、ω_2、ω_3 很不敏感。因此，可对代价函数中的指标进行归一化处理，将各项指标换算为 $0\sim1$ 之间的值。

　　由于威胁信息已经等效为地形信息，所以可以首先确定各项指标 f 的最大值 $f_{\max}$、最小值 $f_{\min}$，按照式 $F=\dfrac{f-f_{\min}}{f_{\max}-f_{\min}}$ 进行归一化，各项指标均成为一个 $0\sim1$ 之间的无量纲的值，其对航线总代价的敏感程度就变得一致，即

$$F=\frac{f-f_{\min}}{f_{\max}-f_{\min}} \tag{3-34}$$

2. 基于改进蚁群算法的无人机低空突防航线规划算法实现

(1)蚁群算法的特点。蚁群算法用于无人机低空突防航线规划有如下特点。

1)动态性。在蚂蚁不断地扩散生物激素的加强作用下，新的信息会很快地被加入环境中，而旧的信息会被丢失。

2)分布性。由于许多蚂蚁在环境中感受散布的生物信息激素的同时，自身也散发生物信息激素，这使得不同的蚂蚁会有不同的选择策略。

3)协同性。许多蚂蚁的协同合作使得最优路线逐步显现，成为大多数蚂蚁所选择的路线。

(2)基本蚁群算法的实现过程。在求解航线规划问题时，要设计若干个人工蚂蚁，这些人工蚂蚁模仿蚂蚁的行为方式，首先对区域的所有节点给出合适的初始值，生成初始信息素矩阵。将 m 个人工蚂蚁定位于起始点，每个蚂蚁使用一定的状态转换规则从一个状态转到另一个状态(即从一个节点转到另一个节点)直到最终到达目标点，完成一条候选航线，即得到航线规划问题的一个可行解。在所有 m 个蚂蚁都完成了各自的候选航线选择后，再利用生物信息激素修改规则修正各条边的生物信息激素强度。这一修正过程模拟了蚂蚁释放生物信息激素以及生物信息激素的自然挥发作用。对没有经过的点只进行信息素的挥发，对经过的各点按照修改准则加强信息，重复这个过程，直到求出最优航路。基本蚁群算法的实现过程包括以下步骤。

1)信息素初始化及禁忌表。信息素分布在每个航线节点到与其相邻节点的路径线段上，蚂蚁从 r 点开始搜索，蚂蚁的每一步搜索范围是其相邻的节点，每一节点 i 与其相邻节点 j 的信息素值由下式进行初始化，即

$$\tau_{i,j} = \begin{cases} a, & j \text{ 为可达节点} \\ 0, & \text{其他} \end{cases} \tag{3-35}$$

禁忌表只记录第 k 只蚂蚁走过的节点。首先将蚂蚁置于初始点，并将该初始点加入该只蚂蚁的禁忌表中，禁忌表根据蚂蚁行走的节点动态变化，在一次循环的过程中，蚂蚁走过的节点不允许再次行走，完成一次循环后，禁忌表清零。

2)蚂蚁状态转换规则。一只人工蚂蚁选择可行的新节点的概率是由两节点间边的代价以及生物信息激素的强度决定的，由下式可以计算从当前节点 r 转换到可行节点 s 的概率，即

$$P_k(r, s) = \begin{cases} \dfrac{\tau(r, s)^{\alpha} \cdot \eta(r, s)^{\beta}}{\sum\limits_{s \in J_k(r)} \tau(r, s)^{\alpha} \cdot \eta(r, s)^{\beta}}, & s \in J_k(r) \\ 0, & \text{其他} \end{cases} \tag{3-36}$$

式中：$P_k(r, s)$ 为蚂蚁 k 从节点 s 转移到节点 s 的概率；$\tau(r, s)$ 为蚂蚁储存在边 $V(r, s)$ 上的生物信息激素强度；$\eta(r, s)$ 为节点 s 相对于节点 r 的可见性，$\eta(r, s) = \dfrac{1}{c(r, s)}$ 作为启发信息，$c(r, s)$ 为 $V(r, s)$ 的代价；$J_k(r)$ 为第 k 个蚂蚁由节点 r 可以到达的所有可行节点集合；α、β 为控制参数，确定生物信息激素和可见性的相对重要性。蚂蚁从状态 r 转移到状态 s 所选可行节点的概率会随着生物信息激素强度的增大而增大，随着通路代价的增大而减少。

3)生物信息激素修改规则。一旦所有蚂蚁完成了各自候选航线的选择过程，必须对各边上的生物信息激素做一次全面的修正，修正规则如下：

$$\tau(r, s) \leftarrow (1 - \rho)\tau(r, s) + \rho[\Delta\tau(r, s) + \Delta\tau^{e}(r, s)] \tag{3-37}$$

式中：$\Delta\tau(r, s) = \sum\limits_{k=1}^{m} \Delta\tau^k(r, s)$。局部修正为

$$\Delta\tau^k(r, s) = \begin{cases} \dfrac{Q}{W_k}, & \text{边 } V(r, s) \text{ 属于 } k \text{ 候选航路} \\ 0, & \text{不属于} \end{cases} \tag{3-38}$$

整体修正为

$$\Delta\tau'(r, s) = \begin{cases} \dfrac{Q}{W}, & \text{边 } V(r, s) \text{ 属于当前最好候选航路} \\ 0, & \text{不属于} \end{cases} \tag{3-39}$$

式(3-37)~式(3-39)中：ρ 为参数，用来储存在边上的生物信息激素以减弱原有的信息；W_k 为蚂蚁 k 选择的航路的广义代价；W_c 为当前最小的航路代价；m 为蚂蚁数。生物信息激素修正的目的是分配更多的生物信息激素到具有更小威胁代价航路的边上，这个修正规则不仅存储生物信息激素，还适当地蒸发。

(3)蚁群算法的改进。

1)启发信息调整。在基本蚁群算法中 $\eta(r, s)$ 表示节点 s 相对于节点 r 的可见性，$\eta(r,$

$s)=\dfrac{1}{c(r,\ s)}$ 作为启发信息，增强了蚁群起始点的寻找最佳路径的能力，但这种启发信息有可能会因为选择代价小的航线而偏离原来航线，甚至越来越远，浪费大量的搜索时间，对启发信息进行以下调整：可引入偏航角 $\theta_i(i=0,\ 1,\ \cdots,\ n-1)$ 作为反馈信息，如图 3-10 所示。

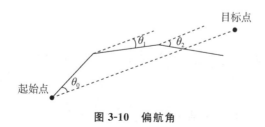

图 3-10　偏航角

将偏航角信息反馈到系统中作为搜索信号，可以加快搜索速率，也容易找到最优解，所以选择启发信息为

$$\eta(r,\ s)=\frac{1}{\theta_i c(r,\ s)} \tag{3-50}$$

2）优先搜索集。为提高蚂蚁的搜索效率，可为每个航线节点建立一个优先搜索集，蚂蚁下一个节点的选择就在该优先搜索集中进行。建立优先搜索集的方法是，首先将一个节点周围的所有节点都设为优先搜索集，然后在蚁群算法运行过程中根据各路径上的信息素浓度动态地增减搜索集的数目。这种动态建立最优搜索集的方法可以使信息素浓度不强的路径不容易被蚂蚁选中，也可根据一个节点与周围节点的距离进行排序。

3）算法实现。其具体步骤如下：

第一步，初始化规划空间网格上所有节点的激素信息，构建初始矩阵 T。

第二步，将 m 只蚂蚁置于航路起点。

第三步，根据启发信息和建立的优先搜索集将蚂蚁移动到可行的相邻节点，直到所有蚂蚁到达给定的目标点。

第四步，计算每只蚂蚁所选择的航线的代价函数，记录当前蚂蚁所选择的最优航线。

第五步，按照生物激素更新规则更新各节点的生物信息激素强度。

第六步，检查所得结果，看结果是否需要调整，如果需要，则进行调整。

第七步，重复第二步至第六步，直到大于预定的迭代次数。

第4章　无人机地理空间数据采集

4.1　地理空间数据采集浅析

消费者组织、商业界、学术界研究人员越来越多地使用无人机系统，来采集自然与人造现象的地理空间、环境数据。在这些数据中，有些是遥感测量的，也有些是直接测量的（如大气成分采样等）。地理空间数据包括任何涉及空间且具有坐标系、投射信息和基准点的数据。无人机系统与有人机及卫星相比，具有成本低和容易部署的优势，因而能够迅速响应预期/意外的事件或灾害，采集地理空间数据。此外，无人机系统还可用于监控渐进的变化，如水果逐渐成熟等。

4.1.1　遥感无人机系统

在地理空间数据采集工作中，无人机系统的应用增长点大部分集中在遥感领域。遥感通过使用仪器测量反射或放射的电磁辐射，实现对地球表面的观察。这些仪器产生的数据通常表现为图像格式。目前应用在无人机平台上的传感器类型不一，这些传感器产生的数据必须经过地理校正，才能用于某个地理空间。未经过地理校正的图像将不能使用地理信息系统进行进一步处理或分析。GIS是对一类包含硬件、软件以及标准操作程序，能够对地理空间数据进行组织、存储、分析、制图、显示的系统的统称。

中、小型无人机系统容易部署，因此十分适用于在短时间内采集遥感数据。许多无人机系统平台在起降时不需要跑道或只需要很小的跑道。直升机类型的无人机系统在起降时完全不需要跑道，即便是固定翼系统也能在有限的空间或荒凉的区域发射。固定翼无人机系统既可以配置垂直起降（Vertical Take-Off and Landing，VTOL）系统，也可以配置常规起降系统。与直升机类似，VTOL系统从起飞点直接上升，但VTOL无人机系统安装的不是机顶旋翼，而是"涵道风扇"装置，这种装置与排风扇（如浴室风扇）相似，由安装在垂直圆柱形管道内的螺旋桨构成。配置有VTOL的无人机系统具有突出的机动性和"悬停并凝视"能力，使航空器特别适用于城市环境与复杂环境。在"悬停并凝视"模式下，无人机系统可以向地面站实时传送单个目标或事件的实时数据。

由于这种无人机系统易于部署，所以经常会发射这种系统来进行数据采集。与大多数有人机或卫星上的传感器相比，无人机系统上的传感器可以以更高频率提供数据。频繁发射带来一个重要的好处：传感器数据比来自有人机或天基卫星的数据更接近于实时数据。在消防或救援等这样的时间敏感性活动中，数小时之前的传感器数据用途相当有限。具备长时间持续飞行能力的无人机平台具有为农业、交通监控、救灾减灾采集连续、近实时数据的潜力。

由于无人机系统机动性高、易于部署，可以频繁地进行数据采集，并且空间分辨率高，所以在北极、大火、风暴期等危险环境中具有安全优势。位于阿拉斯加北坡县的奥利克托克点北极研究机构的研究人员便是利用无人机系统来跟踪监测北极海冰融化情况的。美国桑迪亚国家实验室、能源部与联邦航空管理局达成联合协议，设立了一个告警区（类似于限飞区）。在北冰洋这一区域的上空可以进行无人机飞行及其他研究活动。

4.1.2 传 感 器

在无人机系统上安装的传感器中，有一部分是简易传感器，例如：①消费级的数码照相机和视频摄像机，可以在红、绿、蓝 3 个波长上测量反射辐射；②多光谱分幅相机和行扫描仪，可以对近红外和短波红外波长的反射辐射进行采样；③测量热红外波长辐射的传感器。

任务目标是为特定应用选择合适成像传感器的重要标准。以植被遥感与制图为例，在这一应用中，理想的传感器要能够捕捉 $600 \sim 900$ nm 之间的绿色植被特有的光谱响应。要测量这一类数据，传感器必须能够捕获红色与近红外波长的数据。同样地，在执行火灾检测与监控任务时，需要结合短波红外和可见光的热成像数据。

除任务因素外，载荷能力也会对无人机系统选用传感器加以限制。有效载荷的质量不应超过系统总质量的 $20\% \sim 30\%$。一方面，MLB"蝙蝠 3""矢量 P"等小型无人机系统的有效载荷质量分别只有 5 lb[①]（2.3 kg）与 10 lb（4.5 kg）。另一方面，"阿尔特斯"Ⅱ无人机的前有效载荷舱能携带 330 lb（149.7 kg），"牵牛星"无人机则能携带 700 lb（317.5 kg）。小型无人机系统受到载荷能力低的限制，仅能搭载消费级的数码照相机或视频摄像机。如果任务要求采用多光谱传感器，那么有效载荷质量将超过小型无人机系统的负载能力。如果大型无人机系统中装有任务规划器，那么传感器的选择范围将会更加广泛。许多大型无人机系统与有人机携带相同的传感器。

然而，有限的载荷能力也是对现有传感器技术进行创新改进的灵感来源。

单反数码相机可改造为近红外-绿色-蓝色传感器，并用于农业领域。电荷耦合器件与互补金属氧化物半导体传感器对近红外与可见波长的辐射敏感。为避免近红外污染，大多数相机都安装了内置红外截止滤光片。未安装红外截止滤光片的相机经过改造后可以测量近红外波长。为了达到这一目的，用一个干涉滤光片阻断红色波长，可获得近红外-绿色-蓝色图像。

---

① 　1 lb＝0.453 59 kg。

满足小型无人机系统有效载荷限制的另一选择是小型特制多光谱相机。例如，Tetra-cam 公司制造的农业数码相机专为记录红、绿、近红外波长的辐射而设计。Tetracam 公司还制造了更先进的设备——多相机阵列，该设备能容纳 6 个光谱通道。

4.1.3 实时数据传输

对于部分应用领域而言(尤其是非时间敏感型)，可以将图像存储在相机的存储卡中。然而，许多情况下，需要实时传输或实时处理图像数据。在无法存储或者需要实时处理的情况下，可将传感器数据传回给无人机操作员或者信息处理单元。这些数据可用于实时导航，跟踪关注区或采集特殊信息。

4.1.4 静态影像的地理校正与拼接

遥感图像要求有一个空间基准才能够在 GIS 中使用。这可以简单地通过将图像的中心点(已知尺度)与空间坐标对齐来实现。例如，无人机系统机载传感器可用于获取单个非连续的图像帧，以此作为目标位置采样的方法。在这种情况下，只需要将图像与坐标对齐，不需要进一步进行图像校正。尽管这种做法比较直接，但由于机载 GPS 与传感器不同步，并且 GPS 占用时间不足，可能会引起位置误差。必须注意，简单地将图像与坐标对应，不能重建传感器相对于目标的方位。因此，与地面上测量的距离相比，图像中测量的距离精度显然相对较低，如果不对机载传感器平台的高度、姿态以及速度的变化加以校正，那么图像的几何畸变就会过于明显，无法用于制图工作。

GIS 要求的地理校正精度通常更高，图像中的每一像素都要尽可能与其地面对应位置相关联，在精细农业与植被监控研究中尤其如此。对于处理机载区域(帧)与线传感器图像以及在坐标系统进行图像配准，都存在一定的摄影测量规程。然而，这些规程并非总是能够转化无人机系统图像。例如，航空三角测量、图像至图像或图像至地图的配准等常规技术需要已知地面坐标和可在图像中检测出的点(地面控制点)。

由于常规的图像配准技术并未考虑数据的系统畸变(例如：平台相对于目标的位置变化而引起的畸变)，所以需要大量的地面控制点，对于低空短航时无人机系统获取的大尺度图像尤其如此。采集大量地面控制点的成本太高，导致其本身的优势甚至都不足以弥补这一劣势。采集地面控制点的成本与位置成一定的函数关系。比如：在城市区域高分辨率图像上，检测地面控制点相对比较直接，这是因为独特的人造特征通常在图像上和地面上都能识别；而在诸如牧场等未开垦的区域，分析员在识别地面上和图像上的地面控制点时就十分费劲。另外，在某些情况下，可能根本就无法采集到地面控制点，其原因要么是感兴趣的目标相对缺乏特征，要么是接近目标的难度较大。

图像可以直接使用摄影测量方法进行地理校正，不需要采用地面控制点。要采用这种方法，必须了解相机的内定向参数，包括径向透镜畸变、主点偏移以及焦距等。度量相机可以提供这些数据，但消费级数码相机不是度量专用，不提供内定向参数。除相机内定向参数之外，摄影测量方法还要求在图像曝光的同时测量外定向参数。这些参数描述了传感器相对于地图坐标系的空间位置以及透视方位。外定向参数包括：①机载惯性测量单元记录的飞机滚转、俯仰与偏航；②GPS 记录的飞机高度与位置（经度与纬度）。对于帧图像，一旦掌握了内定向参数与外定向参数，就能将它们融入一个模型，然后将图像从相对文件坐标转换为绝对地图坐标。

地形测量数据（例如：海程数据）用于地理校正称为正射校正。正射校正通常用于卫星及机载传感器图像的几何修正，这是由于它能产生地球表面的高精度表达，如美国地质勘探局的数字正射影像象限图。使用数字高程数据为无人机系统正射校正高分辨率图像时，数字高程模型空间细节水平是一项重大的挑战。这些数字高程模型（Digital Elevation Model，DEM）原本创建于等高线地图，在从线数据转换到栅格数据的过程中，可能出现人为结果。

在某些区域，这些人为结果非常明显，可能会使几何修正出错。

线图像的地理校正比帧图像更为复杂。线传感器通常有一个单独的线探测器，可以不断重复扫描。平台向前运动意味着能够采集到连续的线并构建图像。对于这类传感器，外定向参数必须建模为时间相关的函数。

图像地理校正的结果还部分取决于传感器离目标的距离。例如，低空短航时（Low Altitude Short Endurance，LASE）无人机系统通常在感兴趣目标的上方低空运行。这个问题可总结为：目标与相机之间的距离越小，加上广角透镜，则描述中心透视的角度越大，图像畸变也越大。另外，与传感器的外定向参数相比，单帧的图像受影响较小。由于小型无人机对阵风和大气湍流敏感，因此二者都能加剧图像畸变的程度。

小型无人机系统采集的小覆盖区域图像是图像处理的又一个难点。如需获取多个单帧图像覆盖区域的综合视图，需要对图像进行拼接。将多幅独立图像合在一起，创建一整幅覆盖目标区域的大范围图像，这是一个复杂的过程。

4.2　无人机系统地理空间数据采集的应用

4.2.1 环境监测与管理

4.2.1.1 精细农业

精细农业是一种寻求长期生产与效率最大化、资源利用最优化与可持续性的系统。农民早已察觉并开始关注"农田内"的土地和农作物因素的空间变化。由于农田规模增大，农业操作强度加大，如果不加大对技术的利用，问题会越来越难以解决。精细农业需要有关土地、农作物、环境变量的空间分布数据。然而，采集和处理这些数据的频率必须保持恰当，使农民有时间对农作物的重大发展或变化（例如：虫害、疾病、肥料或干旱情况、预计收成等）采取相应措施。GPS、GIS 以及遥感等领域技术的重大发展促进了精细农业的革新。其中，引进无人机系统并将其作为遥感平台是一次巨大的突破，使精细农业成为发展最快的无人机系统民事应用领域之一。

长航时无人机（地面站建有无线网络连接）能提供有关樱桃成熟度的近实时监控数据，农民利用这些数据能够判断收获的最佳时间。这种无人机采用 DuncanTech MS3100 多光谱相机采集绿色（550 nm）、红色（660 nm）与近红外（790 nm）波长的重复图像，空间分辨率为 1 m。由于空间分辨率过低，因此不能分辨单株樱桃。为便于检测成熟度，树冠表面的水果对光子散射与吸收的促成作用，被建模成改良树叶/树冠辐射转移模型。然后，按神经网络算法进行模型转换，估算绿色、黄色、棕色樱桃的百分比。模型对成熟度的估算与产量数据有密切关系（$R^2=0.78$），甚至超过了在地基预计的收成评估水平。

精细农业遥感的一个重要环节是运用经辐射校准的遥感数据对农作物生理特性进行评估。用校准的反射数据估算农作物叶面积指数（Leaf Area Index，LAI）、树冠层叶绿素含量以及农作物的缺水情况。研究小组在玉米地、桃树园、橄榄园中集中应用了遥感技术，期间使用的是一架以模型直升机（德国 BenzinAcrobatic）为机身的无人机系统，有效载荷为六波段多光谱分幅相机和热分幅传感器（热像 A40M，FLIR 系统）。

多光谱传感器可用于测量多个离散波段植被的反射系数。植被指数利用这些波段的线性组合（如差分、比例或总和），将多光谱变量转换为单光谱变量，然后在单光谱变量与植被树冠层特性之间建立起关联。经观察和研究，主要有三大发现：①正常差异植被指数与橄榄 LAI（$R^2=0.88$）；②生理反射系数指数与玉米树冠层温度（$R^2=0.69$）；③反射系数指数中的转化叶绿素吸收指数变量与橄榄和桃树冠层中叶绿素含量（$R^2=0.89$）之间存在一定的联系。

表面温度不仅在根据农作物缺水情况指数检测农作物的缺水情况时发挥着十分重要的作用，而且能用于估算冠层导率。经校准后，热成像器能够成功估算橄榄园的绝对表面温度。空间分辨率高（40 cm）是无人机系统热成像的优点之一，能将树冠层从土壤背景中辨别出来。这在卫星传感器的粗略图像中是根本无法做到的。

4.2.1.2 牧场

无人机系统遥感技术对管理牧场用处很大。地球约 50% 的陆地面积可归类为牧场。全世界各国土地管理部门都面临同一个挑战，即如何最大程度提高辽阔牧场资源的监控与管理效率。例如，美国土地管理局管理着大约 10.445 亿 m² 的土地，其中大部分位于美国西部，费用预算只有 10 亿美元，也就意味着每 km² 每年只有 0.96 美元的预算。遥感被认为是协助监控与评估牧场健康状况颇具潜力的工具。它可以为管理人员与决策者提供补充信息，但随着地形越来越复杂，遥感的优势明显被削弱，这主要归因于传感器空间分辨率的问题。精细空间分辨率是贫瘠/半贫瘠牧场植被群落遥感的要求之一，在这些区域，牧场的健康概念与分片植物的连通性与分布关系密切，特别是多年生牧草与木质灌木丛。精细空间分辨率能协助识别和绘制蔓延性植物种类以及地区性的地面紊乱。作为牧场管理的工具，无人机系统的图像可将牧场状况专家所进行的推断性空间中某点的地面勘测带入更宽广的区域。此外，无人机图像还可把地面勘测转换成卫星传感器拍摄的区域视图。

无人机系统在牧场管理中的范围超出了土地资源。无人机系统的实时图像或静止图像可用于清查野生动物。航空平台被广泛应用于调查动物、鸟类、巢穴或其食物藏匿点。

4.2.1.3 海洋与濒海研究

人们曾经对"牵牛星"无人机系统进行了 3 次试飞，飞行的目标之一是检验成像有效载荷(海洋色彩成像器、数码相机系统、光电红外传感器)在沿海制图、生态系统监控、监视濒海水域的商业与娱乐活动以及海上避难所中的应用。美国国家海洋和大气管理局(National Oceanic and Atmospheric Administration，NOAA)开展试飞有若干个目标：

1)遥感海洋颜色(对于检测海洋表层悬浮的叶绿素非常重要)；

2)用数码相机和光电红外传感器绘制安娜卡帕岛及两个海峡岛沿海区域的地图；

3)用被动微波垂直音响器测量温度与水汽的大气数据图表(用于检测大气流)；

4)用气体色谱法——臭氧光度计测量卤化气体的大气浓度。

对于无人机系统遥感而言，北冰洋是最难以到达、最危险的环境之一。无人机系统对遥感这些极端环境作出了重要贡献。在这些区域中，基于卫星的遥感存在一定的问题。具体来说，云层形成了一层光学传感器无法穿透的覆盖层。为解决这一问题，NOAA 采用了卫星微波传感器来估算海冰范围。然而，诸如地球观测系统的先进微波扫描辐射计等微波传感器，或专用传感器微波成像器的数据有一个问题——由于空间分辨率低，因此无法显示细微的融化方式以及融冰海区的形成，从而导致低估了海冰的密集程度、无法揭示融冰海区演变的真正面貌。而事实上，融冰海区演变的数据对于表达气候模型中海冰反照反馈(即光的反射率)具有十分重要的意义。

为避免海冰密集程度被低估的可能性，以及获取波弗特海海冰融冰区的无云图像，在"航空探测仪"无人机系统上安装了一台奥林巴斯 C3030 数码静物相机，让飞机在 200 m 高度飞行。该配置所采集的图像的地面分辨率为 8 cm。安装相机的并不是连续拼接图像。相机每 30 s 起动一次，提供研究区域离散的地理定位图像。按照每一像素记录的红色、绿色、蓝色深浅色调的阈值(或插值替换)，对每一图像进行简单分类。利用这种直接的取样方法与简单的图像阈值法，发现其部署的无人机系统对海冰和融冰海区的测量值与其他研究项目的结果相符。此外，通过利用无人机系统进行测量，NOAA 还证明了微波成像/辐射计(Special Sensor Microwave/ Imager，SSM/I)数据低估了海冰的密集程度。

4.2.1.4 污染物泄漏与污染

无人机系统目前很少用于检测和监控污染事件(如石油外泄等)，而涉及利用无人机系统实施溢油监控的大部分学术文献都聚焦于石油管路监控。可用无人机系统取代或补充有人机来实施监控，以协助应对陆地或海洋环境中的石油或危险物质泄漏的问题。

在海洋环境中，利用小型无人机系统，可以频繁地更新石油移动数据。此外，无人机系统还可用于弥补航空分散剂的不足，协助确定海岸线净化和野生动物救援与康复的要求。

相比之下，关于大气污染物取样研究的学术文献数量较多。美国国家航空航天局（National Aeronautics and Space Administration，NASA）是参与这一研究活动的领军机构之一。数据采集工作包括收集空气污染数据、辐射数据（短波大气加热）、云的特性、活动火的辐射、火羽流评估、氧气与二氧化碳的通量测量、气溶胶与气体污染物、云系、航迹云数据等。NASA采用编队飞行来逐一执行上述任务。在流入区、外流区以及对流核心，原地取样要用三套无人机系统。高空检测只需一套无人机系统。在进行海洋污染物泄漏检测时，至少需要一套航程10 000 km，续航时间24 h的大载荷无人机系统，其具体要求取决于污染物的种类和范围。

4.2.2 交通传感

交通运输部通过安装在高塔、硬路面的嵌入式检测器、便携式气管以及有人机上的电视摄像机来进行监控。该部门曾经也考虑过用卫星进行目视监控，但由于卫星轨道具有瞬时性，卫星所载传感器的空间分辨率也较低，所以难以进行连续监控。许多交通运输相关部门都已开始探索在高峰期用无人机系统取代实时交通目视监控，甚至已经同意选择自主系统。

操作员命令无人直升机盯住公路上高速行驶的红色福特轿车，直升机做了一个急转弯，加快速度，赶上超速行驶的汽车，车内有一名逃犯及其同伙。随着距离越来越接近，操作员不断收到有关逃逸汽车的新信息。当直升机看到轿车、并预测出其逃跑路线时，操作员将指导警察设置路障，拦截并逮捕罪犯。

这段话描述了当前正在开发过程中的无人机交通监控系统。在这些系统中，有很大一部分都以自主导航与规划为目标。监控机构希望利用无人机系统来定位、识别、监控、连续跟踪某一辆汽车，识别汽车轨迹及异常驾驶行为，监控交叉路口与停车场。瑞典林雪平大学的沃伦堡信息技术与自主系统实验室已制造出一台原型机，综合了其中多项功能。该原型机及其他无人机都装有多种遥感传感器和多种相机。当目标汽车与其他机动车同时向不同方向以不同速度运动时，目标汽车的跟踪将会遇到一定困难。对此，可把若干传感器组合成适于执行这种任务的地面移动目标指示原型机。

当用无人机系统实行交通监控时，峡谷效应是需要解决的问题之一。峡谷效应指无人机系统穿梭于高楼大厦之间沿道路飞行的能力。高层建筑形成一个峡谷，在其间很容易失去通信和目视联络。部分开发商正努力尝试用自主方法解决这一问题。

与目前DOT的交通监控和交通规划、应急响应以及执法等团队相比，无人机系统有许多优点。无人机系统移动速度更快，不像传统机动车那样受特定路线或地面的限制。它们可以在危险环境或恶劣天气条件下飞行。此外，无人机系统还可快速进行列装，起降时仅需很小的跑道空间，而且不易被人察觉。

4.2.3 灾害响应

在民用领域中，无人机系统是采集地面数据不可或缺的手段。无人机系统特别适合执行 4D(Dull、Dirty、Dangerous、Deep，枯燥乏味、环境恶劣、危险性高、深入敌方)任务。与无人地面平台(Unmanned Ground Vehicle，UGV)一样，执行灾害响应的无人机系统要求具备特定特性，使其能够在极端环境中运行。

无人机系统在应对灾害时的可生存性，需要有效而覆盖面广的通信系统作保障。无人机系统搜索与救援的通信必须突出三个方面——操作员与无人机之间的通信、操作员与灾民之间的通信以及其他救援机械与其团队之间的通信。在自然人团队中，通信决定了系统适应动态环境的能力，以及在快速变化的灾害环境中保持态势感知的能力。

无人机系统的持久性包括系统在不可预测的坠落破坏物碎片中的生存能力、在不确定的动态环境中运行的能力，以及处理信号丢失(Loss of Signal，LoS)问题的能力等。为了解决这些问题，设计人员建议救援队在一个团队中使用若干种级别的无人机系统，救援队呈多层次性，建议人和机器人的数量比为 5：2，其中 3 个人分别担任操作员、任务专家和飞行引导员。适当的救援系统应该包含中等规模的无人机系统，或高空长航时(High Altitude Long Endurance，HALE)无人机系统，可携带设备，提供临时通信数据链、区域纵览、可能的退出路线以及条件改变信息。小型无人机系统(Small Unmanned Aircraft System，SUAS)执行类似任务，可以直接针对某一领域。迷你无人机系统的任务则是在某一地点采集地面情况，搜索灾害中的幸存者。当 MUAS 丢失信号时，将会有另外的机动访问点作为中介信号。MUAS 还依赖小型无人机系统与中型无人机系统采集信息，包括不断改变的条件、结构变化以及飞溅碎片的可能性等信息。

具有自适应性的无人机系统除了能感知环境的变化外，还能够躲避不可预测的碎片轨迹，适应狭窄空间等。无人机系统的自适应性还包括记录物理信息、探索未知环境。灾害救援专业人员分为不同小组，每个小组负责应对一个特定级别的灾害。通常，减灾工作分为 3 个阶段，即"灾前救援、灾中救援、灾后救援"。根据灾害/救援专业团队的预期，对这 3 个阶段进行描述。在灾前救援准备工作中，团队协调疏散、筹备物资；在灾中救援过程中，与灾害抗争、减轻损害；在灾后救援期间，搜索、救援生存者。通常，由于情况变化过于迅速，这 3 个阶段之间并没有清晰的界限。在灾害的不同阶段，活跃着不同的救援小组。无人机系统救援队应该模仿这种方式。在灾前疏散协调与交通监控期间，可以部署 HALE 无人机系统。与此同时，操作员应建立机动临时通信系统。灾害逼近时，可部署其他级别的无人机系统，以采集数据、投放救灾包和实施搜索行动。

4.2.3.1 火灾

对于仍未扑灭的火灾，卫星遥感受到图像的空间分辨率以及图像的采集频率的限制。

例如，美国农业部林务局活跃火情制图项目采用的是 Terra 和 Aqua 卫星上携带的中等分辨率成像光谱仪所生成的热图像。每台传感器每天采集两次数据，空间分辨率为 1 km。这些数据提供地区及国家尺度上的火情活动，但由于空间分辨率过低，无法提供精确的火情前沿位置信息。此外，由于卫星传感器重访间隔时间过长，所以无法实时跟踪火势发展和指挥灭火工作。

用无人机系统检测和监控森林火灾共有两种不同的方法。这两种方法目前都已通过试验。第一种是利用高空长航时(HALE)无人机系执行多处火灾的长航时任务。较之卫星传感器，这些系统所提供的图像的空间分辨率频率都更高。第二种则是低空短航时(LASE)无人机系统机群协同工作。

遥测系统 NERA 通过地球同步卫星 INMAR-SAT 向地面控制站传送机载红外灾害评估系统(Airborne Infrared Disaster Assessment System，AIRDAS)数据和导航文件。地面控制站一旦收到数据，就由 Terra-Mar 的数据采集控制系统软件进行地理校正。FiRE 项目则采用来自航天飞机雷达地形测量任务的数字高程数据来正射校正图像数据，创建火情的三维模型。这证明了 AIRDAS 影像与导航数据可以通过卫星图像数据遥测系统传送到地面，经过地理校正，然后近实时传到网上。

FiRE 项目与由 NASA 与美国林务局共同建立的野火研究与应用伙伴关系项目，为西部各州的消防任务打下了基础。随后，西部各州消防任务又先后利用"牵牛星"和 Ikhana 无人机系统(二者都是民用版的"捕食者 B")，继续对 HALE 无人机系统的野火监控进行试验。两架无人机都携带了自主模块化扫描仪。AMS 是一种多光谱热扫描仪，类似于 AIR-DAS 仪器。

HALE 无人机系统的采购价格和运行费用都很高。为了解决这个问题，有一部分组织采用了若干个低成本的 LASE 无人机系统机群来检测、监控火情。HALE 系统提供的是整体火情概况图，而 LASE 系统只限于检测火场周边，并尽可能频繁地将这些数据传送到基站。

其他项目的研究人员也曾尝试利用各种无人机机群来协同监控受控火情。在多异构无人机实时协同和控制项目中，其中一个环节就是在试验火情中测试两架直升机与一架飞艇之间的协同情况。飞艇携带两台数码 IEEE1394 相机，采集成对的立体照片，然后利用这种立体摄影术以三维形式展现地形。无人直升机系统有指定的巡逻区域，直到其中一架检测到火情时结束。一旦其中一架直升机检测到火情，另一架将被派到着火处进行确认。确认有火灾之后，即开始进行火情监控。

单架大型无人机的优点是航程远、续航时间长，因此能大面积进行初始火情检测。一旦发现火情，随后便可以利用小型无人机机群快速响应，以确认存在火情或标记为虚警。如果确认火灾爆发，则由无人机机群监控火势蔓延情况。

4.2.3.2 洪水与飓风

尽管人们呼吁推广无人机系统，但出于安全的考虑，美国联邦航空管理局(Federal Aviation Administration，FAA)并未批准在国家空域系统内运行无人机。无人机与有人机隔离运行的需求无法满足，关于在出现暴风雨时运行无人机系统的提案，也未能展示其可替代的通信能力。总体来说，受灾地区的空中交通管制（Air Traffic Control，ATC）能力受暴风雨限制。

然而，出现飓风时，即使部署无人机系统来实施援救，定位遇难者的成功概率也很小。搜索遇难者时，其位置和状况都不确定。由于遇难者探测的成功率取决于无人机系统所携带传感器的性能，因此，如果机载传感器中没有红外传感器，就难以发现人体目标，同时，也难以确定静止的人体是否还有生命迹象。为了应对这一挑战，可用红外与光电相机组合来探测非移动人员的生存迹象。

4.2.3.3 龙卷风探源

无人机系统地理空间数据采集的许多应用都与遥感有关，而无人机系统也是在危险环境中进行大气取样的理想平台。例如，无人机系统为提高龙卷风预警能力提供了关键的契机。通过观察地面与中气旋底部之间的大气气柱的热动力剖面图（尤其是在超级单体后侧翼区），将极大地增强人们对龙卷风起源与发展的了解。如果利用有人机来采集这些数据，飞行员与飞机都将面临无法接受的风险。

来自科罗拉多大学的一个研究组曾通过龙卷风旋转起源验证试验（Verification of the Origin of Rotation in Tornadoes Experiment，VORTEX），尝试利用无人机系统研究龙卷风的起源。无人机安装了探空仪，可用于测量气压、温度和湿度。遥测系统将这些数据连续传送到地面控制站。

基于无人机系统的龙卷风探源研究面临着特别的挑战。为了停留在超级单体后侧翼内，并持续成功传输数据 30～60 min，无人机的外骨架必须能够耐受大雨、2 cm 的冰雹和垂直阵风负荷。在所有这些要求中，最重要的是无人机机体必须保证低成本，这是因为无人机系统在执行任务过程中可能会被损坏。

除了无人机系统自身在工程方面所面临的挑战以外，龙卷风探源研究人员在国家空域系统中运行无人机时，还面临一些特有的问题。所有无人机系统操作员都必须持有 FAA 颁发的授权证书（Certificate Of Authorization，COA）。要满足 COA 条件，无人机系统操作员必须在任务开始前提前 48～72 h 向 FAA 递交无人机飞行图。对于龙卷风探源人员来说，申请和获得飞行批准的程序所存在的问题是，他们无法有把握地预测龙卷风的发源地。此外，FAA 还要求无人机飞行期间应随时与无人机保持目视联络。上面便是对"暴风雨"（Storm）无人机系统飞行的要求。鉴于在出现龙卷风之前运行无人机存在一定的风险，加之在龙卷风探源期间可能需要飞越一定的距离，因此有人提出了一个颇有创意但让人"啼笑皆非"的解决方案，即由引导"暴风雨"无人机的飞行计算机跟踪有人地面平台，从而在必要时快速、准确地进行飞机定位。

第5章 无人机序列影像的目标定位与跟踪技术

5.1 无人机序列影像的目标定位

定姿定位系统可以动态、快速地给出反映载体运动的运动参数，据此可以连续测量成像时传感器的位置和姿态，为无人机序列影像中的目标实时定位提供了可行的现实解决方案。由于成本所限，无人机上大多安装低成本、低精度的导航定位系统。基于此类导航定位系统进行序列影像目标直接定位，无法得到高精度的定位结果。目前，利用无人机序列影像进行目标定位的方法主要有4种。

第一，传统的基于遥感图像的摄影测量目标定位。这种方法主要是利用立体像对建立几何模型，从而确定目标点的三维坐标。由于无人机搭载的成像设备的视场相对较小，利用具有场景重叠的序列图像组成的立体像对时，其基高比太小而无法保证光线的交会精度，因此传统的摄影测量目标立体定位方法不适用于无人机序列影像移动目标定位。

第二，基于图像匹配模式的非实时定位。这种方法主要利用可获取的多源图像资源，在建立预先基准图像的条件下，将经过数字化处理和几何纠正的无人机序列影像与预先基准图像进行高精度匹配，进而实现对所关心目标的精确定位。该方法具有目标定位精度高、可多点同时定位等优点，但非实时的工作方式制约了其应用。

第三，基于无人机遥测数据的实时定位。这种方法直接将无人机对目标定位瞬间的位置信息、姿态信息，以及多轴任务平台的转角信息、测距信息等输入定位解算模型，从而可快速解算出目标坐标。该方法具有实时性好的突出优点，被无人机目标定位系统广泛采用。然而，在利用任务设备对地面目标进行跟踪和定位时，无人机的位置和姿态误差、多轴任务平台的转角和测距误差等，都不可避免地影响目标定位精度，因此，其目标定位精度较第二种方法低。

第四，基于空间交会的目标定位。这种方法本质上是第三种方法的一种拓展。在无人机执行任务过程中，发现感兴趣的目标后，进入跟踪状态，同时激光测距设备连续发射激光测量其到目标的距离，采集跟踪后的飞行遥测数据和图像数据，这些遥测数据包括无人机三个姿态角、任务平台的两个角度、成像任务设备焦距、无人机的位置和距离。之后将遥测数据进行综合，构建空间多个位置对地面同一目标的交会模型，利用交会模型进行平差计算以实现目标定位。多点空间交会解算过程对误差具有较好的"剔除"和"抑制"作用，从而能够达到较高的定位精度，显然，这种方法是建立在对目标实现锁定跟踪的基础之上的。

以上四种目标定位方法都存在着一定的局限性，为此，本章提出一种低精度 GPS/INS 导航系统和基础地理空间数据联合支持的序列图像实时定位方法。

5.1.1　基于飞行参数和传感器成像参数的序列影像实时定位

低精度 GPS/INS 导航系统和基础地理空间数据联合支持下的序列图像实时定位方法技术，首先利用 GPS/INS 参数对序列图像进行概略定位，完成序列图像与基础地理空间数据的概略对应，同时规划基础地理空间数据的尺度。然后在基础地理空间数据中提取目标特征，提取的特征经过传感器投影变换（利用 GPS/INS 参数）后在序列图像上建立目标特征缓冲区，在缓冲区中搜索与基础地理空间数据相匹配的特征，将得到的对应特征作为序列图像定位的控制特征。若提取的控制特征数量足够多，就可用匹配特征进行空间后方交会；若控制特征的数量不足以完成空间后方交会，则用于修正 GPS/INS 导航系统的误差。

该框架的核心是基于无人机飞行参数和传感器成像参数的影像实时定位算法。由共线条件方程：

$$\left.\begin{array}{l} X-X_S=(Z-Z_5)\dfrac{a_1(x-x_0)+a_2(y-y_n)-a_3f}{c_1(x-x_0)+c_2(y-y_0)-c_3f} \\ Y-Y_S=(Z-Z_5)\dfrac{b_1(x-x_0)+b_2(y-y_{10})-b_3f}{c_1(x-x_0)+c_2(y-y_0)-c_1f} \end{array}\right\} \tag{5-1}$$

可知：若已知地面点 $A(X, Y)$ 的高程 Z 和影像的内方位元素，即可由无人机飞行参数和传感器成像参数获得的影像外方位元素，解算像点 $a(x, y)$ 所对应的地面点 A 的平面坐标 (X, Y)。这一条件在平坦地区能够得到满足；当地形起伏时，可先估算该点的粗略高程，然后在数字高程模型（Digital Elevation Model，DEM）的支持下，通过一个迭代过程确定地面点 A 的三维坐标 (X, Y, Z)，DEM 支持下的影像实时定位迭代算法如下。

第一，估算待求点 $A(X, Y)$ 的初始高程，在近似垂直摄影条件下，取 DEM 中摄站平面坐标 (X_S, Y_S) 处的高程内插值；否则，取该地区的平均高程。

第二，将 Z_0 代入式（5-1），解算 A 点平面坐标 (X, Y)。

第三，在 DEM 中内插 A 处的高程 Z_i。

第四，将 Z_i 代入式（5-1），重新解算 A 点平面坐标 $(X, Y)_{i+1}$。

第五，重复第三、四步，直到前后两次平面点位之差小于规定的限差，即 $\|(X, Y)_{i+1}-(X, Y)_i\| \leqslant \delta$ 时为止。

通常在地形连续变化和近似垂直摄影条件下，此算法是有效的。

5.1.2 实时影像定位误差分析

分析表明,上述影像实时定位结果的精度受以下 10 个参数的精度的共同影响。

第一,x_0、y_0、f 为影像内方位元素,由摄影机鉴定结果给出。

第二,X_s、Y_s、Z_s、φ、ω、k 为摄影机外方位元素,由摄影平台定位系统和传感器姿态测量系统参数得出。

第三,Z 为 (X,Y) 处的理论高程,依据 DEM 由迭代过程计算得到。

5.1.2.1 误差传递公式的一般形式

为分析内外方位元素的误差对目标定位点位精度的影响,从摄影测量的角度推导各个因子对目标点定位的误差传递公式,即

$$
\begin{bmatrix} \bar{x} \\ \bar{y} \\ \bar{z} \end{bmatrix} = \begin{bmatrix} a_1 & a_2 & a_3 \\ b_1 & b_2 & b_3 \\ c_1 & c_2 & c_3 \end{bmatrix} \begin{bmatrix} x-x_0 \\ y-y_0 \\ -f \end{bmatrix} = \boldsymbol{R} \begin{bmatrix} x-x_0 \\ y-y_0 \\ -f \end{bmatrix} \tag{5-2}
$$

式中:$\boldsymbol{R}$ 为旋转矩阵,是 φ(偏角)、ω(倾角)和 k(旋角)的函数,所以 $\begin{bmatrix} \bar{x} & \bar{y} & \bar{z} \end{bmatrix}^{\mathrm{T}}$ 是 $(x, y, \varphi, \omega, \kappa, x_0, y_0, f)$ 的函数。

则可写为

$$
\left.\begin{aligned}
X &= (Z-Z_s)\frac{\bar{x}}{z}+X_s \\
Y &= (Z-Z_s)\frac{\bar{y}}{z}+Y_s
\end{aligned}\right\} \tag{5-3}
$$

对于目标定位来说,式中 X,Y 是待求值;x_0、y_0、f 为影像内方位元素,由相机鉴定结果给出;X_s、Y_s、Z_s、φ、ω、k 为摄影机外方位元素,由摄影平台定位系统和姿态测量系统记录;Z 为 (X,Y) 处的理论高程,由迭代过程中 DEM 内插得到。显然,X,Y 的精度由以上 10 个参数的精确度共同决定,下面探讨这 10 个参数的误差对最终的定位结果的影响。

为此,首先对式(5-3)求全微分,得

$$
\left.\begin{aligned}
\mathrm{d}X &= \frac{\partial X}{\partial Z}\mathrm{d}Z+\frac{\partial X}{\partial X_s}\mathrm{d}X_s+\frac{\partial X}{\partial Z_s}\mathrm{d}Z_s+\frac{\partial X}{\partial \varphi}\mathrm{d}\varphi+\frac{\partial X}{\partial \omega}\mathrm{d}\omega+\frac{\partial X}{\partial k}\mathrm{d}k+\frac{\partial X}{\partial x_0}\mathrm{d}x_0+\frac{\partial X}{\partial y_0}\mathrm{d}y_0+\frac{\partial X}{\partial f}\mathrm{d}f \\
\mathrm{d}Y &= \frac{\partial Y}{\partial Z}\mathrm{d}Z+\frac{\partial Y}{\partial Y_s}\mathrm{d}Y_s+\frac{\partial Y}{\partial Z_s}\mathrm{d}Z_s+\frac{\partial Y}{\partial \varphi}\mathrm{d}\varphi+\frac{\partial Y}{\partial \omega}\mathrm{d}\omega+\frac{\partial Y}{\partial k}\mathrm{d}k+\frac{\partial Y}{\partial x_0}\mathrm{d}x_0+\frac{\partial Y}{\partial y_0}\mathrm{d}y_0+\frac{\partial Y}{\partial f}\mathrm{d}f
\end{aligned}\right\}
$$

$$
\tag{5-4}
$$

式中各偏微分按式(5-3)计算,分别为

$$
\frac{\partial X}{\partial Z} = \frac{\bar{x}}{z} \tag{5-5}
$$

$$\frac{\partial X}{\partial X_{\mathrm{s}}}=1 \tag{5-6}$$

$$\frac{\partial X}{\partial Z_{\mathrm{s}}}=-\frac{\bar{x}}{\bar{z}} \tag{5-7}$$

$$\frac{\partial X}{\partial \varphi}=H\left(1+\frac{\bar{x}^2}{\bar{z}^2}\right) \tag{5-8}$$

$$\frac{\partial X}{\partial \omega}=H\left(\frac{\bar{y}}{\bar{z}}\sin\varphi+\frac{\bar{x}\,\bar{y}}{\bar{z}^2}\cos\varphi\right) \tag{5-9}$$

$$\frac{\partial X}{\partial k}=H\frac{(a_1\bar{z}-c_1\bar{x})(y-y_0)-(a_2\bar{z}-c_2\bar{x})(x-x_0)}{\bar{z}^2} \tag{5-10}$$

$$\frac{\partial X}{\partial x_0}=H\left(\frac{a_1}{z}-\frac{c_1\bar{x}}{z^2}\right) \tag{5-11}$$

$$\frac{\partial X}{\partial y_0}=H\left(\frac{a_y}{z}-\frac{c_2\bar{x}}{\bar{z}^2}\right) \tag{5-12}$$

$$\frac{\partial X}{\partial f}=H\left(\frac{a_3}{z}-\frac{c_3\bar{x}}{z^2}\right) \tag{5-13}$$

$$\frac{\partial Y}{\partial Z}=\frac{\bar{y}}{\bar{z}} \tag{5-14}$$

$$\frac{\partial Y}{\partial Y_{\mathrm{s}}}=1 \tag{5-15}$$

$$\frac{\partial Y}{\partial Z_{\mathrm{s}}}=-\frac{\bar{y}}{\bar{z}} \tag{5-16}$$

$$\frac{\partial Y}{\partial \varphi}=H\left(\frac{\bar{x}\,y}{\bar{z}^2}\right) \tag{5-17}$$

$$\frac{\partial Y}{\partial \omega}=H\left(-\frac{\bar{x}}{z}\sin\varphi+\frac{\bar{y}^2+\bar{z}^2}{z^2}\cos\varphi\right) \tag{5-18}$$

$$\frac{\partial Y}{\partial k}=H\frac{(b_1\bar{z}-c_1\bar{y})(y-y_0)-(b_2z-c_2\bar{y})(x-x_0)}{\bar{z}^2} \tag{5-19}$$

$$\frac{\partial Y}{\partial x_0}=H\left(\frac{b_1}{z}-\frac{c_1\bar{y}}{z^2}\right) \tag{5-20}$$

$$\frac{\partial Y}{\partial y_0}=H\left(\frac{b_2}{z}-\frac{c_2\bar{y}}{z^2}\right) \tag{5-21}$$

$$\frac{\partial Y}{\partial f}=H\left(\frac{b_3}{z}-\frac{c_3\bar{y}}{z^2}\right) \tag{5-22}$$

式中：$H=-(Z-Z_{\mathrm{s}})$为航高。

在以上公式的计算中，用到了旋转矩阵的性质和矩阵求导理论，如

$$\frac{\partial\begin{bmatrix}\bar{x}\\\bar{y}\\\bar{z}\end{bmatrix}}{\partial\varphi}=\frac{\partial\boldsymbol{R}_\varphi}{\partial\varphi}\boldsymbol{R}_\omega\boldsymbol{R}_\kappa\begin{bmatrix}x-x_0\\y-y_0\\-f\end{bmatrix}=\left(\frac{\partial\boldsymbol{R}_\varphi}{\partial\varphi}\boldsymbol{R}_\varphi^{-1}\right)\boldsymbol{R}\begin{bmatrix}x-x_0\\y-y_0\\-f\end{bmatrix}$$

$$= \begin{bmatrix} 0 & 0 & -1 \\ 0 & 0 & 0 \\ +1 & 0 & 0 \end{bmatrix} \begin{bmatrix} a_1 & a_2 & a_3 \\ b_1 & b_2 & b_3 \\ c_1 & c_2 & c_3 \end{bmatrix} \begin{bmatrix} x-x_0 \\ y-y_0 \\ -f \end{bmatrix} = \begin{bmatrix} -\bar{z} \\ 0 \\ \bar{x} \end{bmatrix} \quad (5\text{-}23)$$

式中：

$$\frac{\partial \boldsymbol{R}_\varphi}{\partial \varphi} \boldsymbol{R}_\varphi^{-1} = \begin{bmatrix} -\sin\varphi & 0 & -\cos\varphi \\ 0 & 0 & 0 \\ \cos\varphi & 0 & -\sin\varphi \end{bmatrix} \begin{bmatrix} \cos\varphi & 0 & \sin\varphi \\ 0 & 1 & 0 \\ -\sin\varphi & 0 & \cos\varphi \end{bmatrix} = \begin{bmatrix} 0 & 0 & -1 \\ 0 & 0 & 0 \\ +1 & 0 & 0 \end{bmatrix} \quad (5\text{-}24)$$

通常情况下，以上两个公式中的 10 个参数误差都很小，将其中的微分代之以相应的增量——真误差，同时认为各个参数误差对定位结果的影响相互独立，则由误差传播定律，X、Y 的中误差形式为

$$\left.\begin{aligned} m_X^2 &= \sum_{i=1}^{9} \left(\frac{\partial X}{\partial t_i}\right)_0^2 m_i^2 \\ m_Y^2 &= \sum_{i=1}^{9} \left(\frac{\partial Y}{\partial t_i}\right)_0^2 m_i^2 \end{aligned}\right\} \quad (5\text{-}25)$$

式中：t_i 为以上影响定位精度的 10 个参数，m_i 分别为它们的误差。需要说明的是，对于 DEM 支持下的影像实时定位迭代算法，若迭代收敛，只需考虑最后一次迭代计算的误差即可得到最终的定位误差。

5.1.2.2 近似垂直成像条件下的误差传递公式

实践中多采用近似垂直摄影，作为简化，考虑摄像机近似垂直对地成像时的影像实时定位精度。此时 $\varphi=\omega=k\approx0$（实践中 k 值不是小值时，可先旋转地面坐标系统 $OXYZ$ 使得 $k\approx0$，计算完成后再反转目标点坐标），旋转矩阵 $\boldsymbol{R}$ 接近单位阵 $\boldsymbol{E}$；通常，摄像机的内方位元素 x_0、y_0，远小于像点坐标式，可简化为

$$\begin{bmatrix} \bar{x} \\ \bar{y} \\ \bar{z} \end{bmatrix} = \begin{bmatrix} a_1 & a_2 & a_3 \\ b_1 & b_2 & b_3 \\ c_1 & c_2 & c_3 \end{bmatrix} \begin{bmatrix} x-x_0 \\ y-y_0 \\ -f \end{bmatrix} = \begin{bmatrix} x \\ y \\ -f \end{bmatrix} \quad (5\text{-}26)$$

各偏导数简化为

$$\frac{\partial X}{\partial Z} = -\frac{x}{f} \quad (5\text{-}27)$$

$$\frac{\partial X}{\partial X_S} = 1 \quad (5\text{-}28)$$

$$\frac{\partial X}{\partial Z_S} = \frac{x}{f} \quad (5\text{-}29)$$

$$\frac{\partial X}{\partial \varphi} = H\left(1+\frac{x^2}{f^2}\right) \quad (5\text{-}30)$$

$$\frac{\partial X}{\partial \omega} = H\left(\frac{xy}{f^2}\right) \quad (5\text{-}31)$$

$$\frac{\partial X}{\partial k} = -H\frac{y}{f} \tag{5-32}$$

$$\frac{\partial X}{\partial x_0} = -\frac{H}{f} \tag{5-33}$$

$$\frac{\partial X}{\partial y_0} = 0 \tag{5-34}$$

$$\frac{\partial X}{\partial f} = -H\left(\frac{x}{f^2}\right) \tag{5-35}$$

$$\frac{\partial Y}{\partial Z} = -\frac{y}{f} \tag{5-36}$$

$$\frac{\partial Y}{\partial Y_s} = 1 \tag{5-37}$$

$$\frac{\partial Y}{\partial Z_s} = \frac{y}{f} \tag{5-38}$$

$$\frac{\partial Y}{\partial \varphi} = H\left(\frac{xy}{f^2}\right) \tag{5-39}$$

$$\frac{\partial Y}{\partial \omega} = H\left(1 + \frac{y^2}{f^2}\right) \tag{5-40}$$

$$\frac{\partial Y}{\partial k} = -H\frac{x}{f} \tag{5-41}$$

$$\frac{\partial Y}{\partial x_0} = 0 \tag{5-42}$$

$$\frac{\partial Y}{\partial y_0} = -\frac{H}{f} \tag{5-43}$$

$$\frac{\partial Y}{\partial f} = -H\left(\frac{y}{f^2}\right) \tag{5-44}$$

5.1.3 定位精度改进方案

在不依赖地理空间数据的前提下，为进一步提高定位精度，需要在优化系统配置、提高系统参数精度的基础上进行：①摄像机的改进和检校；②提高平台的姿态参数；③提高平台的 GPS 位置参数频率。

在分析目标定位系统方案设计的基础上，提出优于 20 m 的精度改进方案和优于 30 m 的精度改进方案，并分别分析其预期的目标定位精度。

5.1.3.1 原始定位系统硬件方案设计

1. 摄像机子系统

摄像机子系统采用的摄像机是普通的商用数码摄像机，未经内方位元素标定，不能实时输出焦距值，甚至难以确定诸如像元数和像元尺寸等基本参数。严格来说，这种摄像机并不能满足目标定位的需求。

2. 平台姿态参数测量和传输子系统

首先，平台姿态参数测量和传输子系统采用摄像机与飞机机体刚性连接的方式，取机体导航数据中的姿态参数作为摄像机的姿态角。其主要误差来源于两个方面：一是导航数据中的姿态参数本身的误差，为 $2°\sim3°$；二是未考虑摄像机与机体之间的安装夹角。那么总的误差低于 $2°\sim3°$。

其次，视频数据采集频率为 25 帧/s，而飞行姿态参数的采样频率为 $5\sim6$ 帧/s，要获取某一帧视频图像所对应的姿态参数，还需要在姿态参数序列中按时间内插，这也是实际获取的姿态参数的一个误差源。

最后，视频图像和姿态参数是两个通道分别传输的，且姿态参数相比视频数据存在延时，接收后要按接收时间将视频图像和姿态参数对应起来，参数延时误差也造成了姿态误差。

3. 平台位置参数测量和传输子系统

首先，平台位置参数测量和传输子系统采用商用 GPS 接收机测量机体的平面位置，采用气压计测高仪测量机体高度，用于无人机的飞行控制，同时也作为摄像机的中心位置。与姿态参数类似，误差主要来源于两个方面：一是 GPS 和气压计测高仪本身的误差，为 $20\sim30$ m；二是未考虑摄像机与位置测量装置之间的偏移。

其次，GPS 位置参数的采样频率为 $1\sim2$ 帧/s，要获取某一帧视频图像所对应的 GPS 参数，还需要在 GPS 参数序列中按时间内插。

最后，GPS 参数与姿态参数在同一个通道传输。也就是说，与视频图像传输相比，存在 200 ms 的延时。

5.1.3.2 优于 20 m 的精度改进方案

1. 摄像机的改进和检校参数

为提高定位精度，需采用经过严格检校和标定的量测型面阵电荷耦合器件（Charge Coupled Device，CCD）摄像机。具体需求如下。

(1) 所需参数。所需参数有 CCD 有效像元数、像元尺寸（水平、垂直）、像主点坐标 (x_0, y_0)、摄像时实时输出的焦距 f。

(2) 摄像机检校。CCD 本身的不规则和镜头畸变引起的像点移位小于 2 像素。

(3) 内方位元素标定。像主点坐标 (x_0, y_0) 的测量误差小于 1 像素。

(4) 焦距输出。摄像时实时的焦距输出精度优于 3%。

2. 平台姿态参数

为提高定位精度，需提高摄像机摄像时的姿态精度。具体方案如下。

(1) 摄像机安装。改进摄像机与姿态测量装置安装方案，使摄像机与姿态测量装置之间的安装夹角为 0°，这样姿态测量装置能够直接测量摄像机（而不是机体）的姿态。

（2）提高姿态测量精度。俯仰角、横滚角测量精度优于 0.3°，偏航角测量精度优于 0.5°~0.6°。

（3）提高姿态参数采样频率。使姿态参数采样频率与视频图像采集频率一致。

3. 平台 GPS 位置参数

与姿态参数类似，为提高定位精度，需提高摄像机摄像时的 GPS 位置精度。具体方案如下。

（1）摄像机安装。将 GPS 安装在尽量靠近摄像机的中心位置，使得 GPS 直接测量摄像机（而不是机体）的位置。

（2）提高 GPS 测量精度。水平位置精度优于 10 m，垂直位置精度优于 20 m。

（3）提高 GPS 采样频率。与视频图像采集频率一致。

（4）同一通道传输。传输视频图像、姿态参数和 GPS 数据。

5.1.3.3 优于 30 m 的精度改进方案

1. 摄像机的改进和检校参数

为达到 30 m 的定位精度，需采用经过检校和标定的量测型面阵 CCD 摄像机。具体需求如下。

（1）所需参数。所需参数有 CCD 有效像元数、像元尺寸（水平、垂直）、像主点坐标 (x_0, y_0)、摄像时实时输出的焦距 f。

（2）摄像机检校。CCD 本身的不规则和镜头畸变所引起的像点移位小于 5 像素。

（3）内方位元素标定。像主点坐标 (x_0, y_0) 的测量误差小于 3 像素。

（4）焦距输出。摄像时实时的焦距输出精度优于 5%。

2. 平台姿态参数

为达到 30 m 的定位精度，需适当提高摄像机摄像时的姿态精度。具体方案如下。

（1）摄像机安装。改进摄像机与姿态测量装置安装方案，使得摄像机与姿态测量装置之间的夹角为 0°。

（2）提高姿态测量精度。俯仰角、横滚角测量精度优于 0.5°，偏航角测量精度优于 1°。

（3）姿态参数采样频率。飞行姿态参数的采样频率提高到 10~12 帧/s。

（4）数据传输。可以采用目前的数据传输通道，即用模拟通道传输视频流，用数字通道传输姿态参数，参数延时误差在 20 ms 以内。

3. 平台 GPS 位置参数

与姿态参数类似，要达到 30 m 的定位精度，需适当提高摄像机摄像时的 GPS 位置精度。具体方案如下。

（1）摄像机安装。将 GPS 安装在尽量靠近摄像机的中心位置，使得 GPS 能直接测量摄像机（而不是机体）的位置。

（2）提高 GPS 测量精度。水平位置精度优于 10 m，垂直位置精度优于 20 m。

（3）提高 GPS 采样频率。将 GPS 参数的采样频率提高到 5 帧/s。

（4）数据传输。可以采用目前的数据传输通道，即用模拟通道传输视频流，用数字通道传输 GPS 参数，参数延时误差在 20 ms 以内。

5.2 无人机序列影像的运动目标检测

运动目标检测是将序列影像中的运动目标影像区域同背景影像区域区分开来，是实现运动目标跟踪的基础。运动目标检测可划分为两种情况，即静止背景条件下的目标检测和运动背景条件下的目标检测。

5.2.1 基本思想

由于在视频影像中运动目标与背景的根本差异在于两者所对应的像素的运动属性不同，所以利用运动图像分割可以实现对运动目标的检测。在图像处理中图像分割是重要的应用之一，所谓图像分割是根据属性一致原则（常用的属性有色彩、灰度和纹理等）将图像中的像素划分为不同的区域，以此为基础，在运动图像中结合像素的运动属性，依据相同的原理，便可以对运动图像进行分割。

5.2.2 基于静止背景建模的目标检测

视频影像处理中的静止背景指由于摄像机与所摄场景之间不发生相对运动，所以影像中的背景部分不发生明显的变化，近似于静止。与运动背景相比，静止背景条件下的视频影像处理应用更加易于实现。

5.2.2.1 帧间差分方法

如果两帧影像中的背景完全相同，那么检测运动目标最简单的办法就是将两幅影像做"差分"运算。差分后的影像中大部分的背景和小部分的目标由于灰度没有发生明显的变化而被减掉，这种方法可以大致确定目标在影像中的位置。通过进一步的处理，可以将目标检测出来。

这种方法的缺点也比较明显，可能会产生一些问题，例如图 5-1(a)中，场景范围内一辆处于停止状态的车辆，进行差分前可被视作影像中的背景，但是在处理过程中车辆发生了移动，成了运动的目标，那么差分后在原车辆停放的位置，原属背景的影像区域将留下一个"空洞"。即使在整个观测处理过程中，车辆一直处于运动状态，如图 5-1(b)所示，检测到的目标也并不完整，通常只会检测出目标的边缘轮廓，这是因为目标的内部影像区域经过差分也同时被抵消掉了。

5.2.2.2 背景建模方法

对于静止背景，背景建模方法是一种较为有效的方法。下面给出一种混合的运动目标检测算法，这种方法将自适应背景抑制技术和三帧差分算法结合在一起。

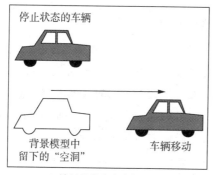
(a)帧间差分方法中的"空洞"

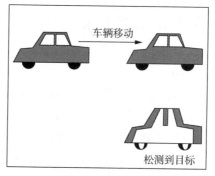
(b)帧间差分方法中目标内部区域被抵消

图 5-1　帧间差分方法及其缺陷

设 $I_n(x)$ 表示 n 时刻、影像中 x 处像素的亮度值［灰度影像为灰度值，24 位彩色影像为 RGB(Red，Green，Blue)三个通道的值］。三帧差分规则认为：如果当前帧影像与前帧影像比较以及当前帧影像与隔帧影像比较，都发生了明显的变化，那么便认为，x 处像素发生了运动。用下式表示该判断条件，即

$$\left.\begin{array}{l} |I_n(x)-I_{n-1}(x)|>T_n(x) \\ |I_n(x)-I_{n-2}(x)|>T_n(x) \end{array}\right\} \tag{5-45}$$

式中：$T_n(x)$ 为根据 x 处的明显亮度变化统计得到阈值。

目标内部前、后灰度一致的像素经过差分并不能包含在"运动"像素集之中，但是，如果将运动像素聚类于一个闭合的区域，即可通过自适应背景抑制提取出绑定框区域 R 内所有的运动像素，从而将目标内部的像素填满。

如果设 $B_n(x)$ 表示 n 时刻、x 处的背景亮度值，$B_n(x)$ 是通过对 n 时刻之前 x 处灰度值的统计，即通过背景建模得到的，阈值 $T_n(x)$ 也是用同样方法获得的。如果此时此处的影像亮度值 $I_n(x)$ 与背景模型有明显不同，即认定其属于目标的内部像素集 b_n，那么有

$$b_n=\{|I_n(x)-B_n(x)|>T_n(x),x\in R\} \tag{5-46}$$

由于背景 $B_n(x)$ 和阈值 $T_n(x)$ 是通过对亮度值的统计获得的，因此这两个值随着时间不断更新。背景的初始值设为第一帧影像的亮度值 $B_0(x)=I_0(x)$，$T_0(x)$ 设为非零的值。则背景和阈值由下式得到，即

$$B_{n+1}(x)=\begin{cases} \alpha B_n(x)+(1-\alpha)I_n(x), & x\text{ 是非运动像素} \\ B_n(x), & x\text{ 是运动像素} \end{cases} \tag{5-47}$$

$$T_{n+1}(x)=\begin{cases} \alpha T_n(x)+(1-\alpha)(5\times|I_n(x)-B_n(x)|), & x\text{ 是非运动像素} \\ T_n(x), & x\text{ 是运动像素} \end{cases} \tag{5-48}$$

式中：α 为设定背景和阈值更新频度的常量。可以注意到只有当 x 是"非运动"像素时各值才会得到更新。背景值 $B_n(x)$ 近似于时间上的亮度平均值，而阈值 $T_n(x)$ 近似于 5 倍时间上的亮度标准差。这两个值可以通过无限脉冲响应(Infinite Impulse Response Filter，IIR)滤波计算得出。

5.2.3 基于期望最大化的运动图像分割

图像中的任意一个像素，既有可能是目标也有可能是背景，还有可能是影像噪声，究竟其属于哪一类，可归因于概率问题，具体可以采用加权的混合概率模型描述。背景和目标发生运动的诱因不同，背景的运动是被动的，而目标的运动是主动与被动相结合的，所以不同的运动要依赖不同的模型和参数表示，即便同属背景抑或同属目标，也可能由于景深或分属不同目标，而在表述上有所区别。类似于矢量电子地图中"层"的概念，运动图像也用层表示不同类别的信息。结合混合概率模型，采用期望最大化方法可进行运动图像分割。

5.2.3.1 混合概率基本模型

对于图像分割的应用，图像中的像素属于非完备数据，因为它不仅包含亮度、位置等"可视"数据，还包括类别属性这样的"隐藏"数据，只有综合了可视数据和隐藏数据的数据才能称为完备数据。考虑到之后可能进行迭代运算，对未知的参数的估计通常采用贝叶斯后验估计。

混合概率模型要表达的是，对于数据集中采集的样本可能由不同的模型生成，因此对于某一样本数据，不能够使用单一的概率密度函数反映生成它的概率，而是采用不同概率密度函数的加权混合形式。

设 c_i 为完备数据集 C 中的一个向量，未知的模型参数或者其他待估计数据向量为 r。如果 r 中包含有 g 个分量：$r = [r_1 \ r_2 \cdots \ r_B]$，并且向量 c_i 可由 r 中的某个或某些分量生成的概率对应于一定的权重 ω_n，$2 \leqslant n \leqslant g$，那么有混合概率模型(这里假设权重向量 ω 中的分量与 r 中的分量是逐一对应的)，则有

$$p(c_i \mid r) = \sum_{n=1}^{g} \omega_n p_n(c_i \mid r_n) \tag{5-49}$$

式中：$p(c_i \mid r)$ 为生成 c_i 的概率密度函数；$p_n(c_i \mid r_n)$ 为对应于 r_n 分量的概率密度函数，通常为高斯函数。

进一步，对于整个数据集 C 的似然概率密度函数，有

$$\prod_{i=1}^{k} p(c_i \mid r) = \prod_{i=1}^{k} \left[\sum_{n=1}^{k} \omega_n p_n(c_i \mid r_n) \right] \tag{5-50}$$

式中：k 为对数据集 C 的观测采样数。

由式 $\prod_{i=1}^{k} p(c_i \mid r) = \prod_{i=1}^{k} \left[\sum_{n=1}^{k} \omega_n p_n(c_i \mid r_n) \right]$ 进一步得到的对数似然函数，有

$$L_c(\boldsymbol{c}, \boldsymbol{r}) = \log\Big[\prod_{i=1}^{k} p(\boldsymbol{c}_i \mid \boldsymbol{r})\Big] = \sum_{i=1}^{k} \log\big[p(\boldsymbol{c}_i \mid \boldsymbol{r})\big] \tag{5-51}$$

采用极大似然估计法，可计算出的 $\boldsymbol{r}$ 极大似然估计值 $\boldsymbol{r}$。

5.2.3.2 EM 方法

EM 方法模型使用的是完备数据，而可供利用的数据往往属于非完备数据，即只包含可视数据。非完备数据与完备数据之间存在着映射关系，映射代表的正是两者间的信息缺失，即隐藏数据。

EM 方法的基本思想是利用期望值代替隐藏数据，在指定非完备数据和模型参数的条件下，对给定的值做适当调整，进而计算隐藏数据。将得出的隐藏数据期望值代入完备数据的似然函数，通过似然函数的极大化估计模型参数的值。期望阶段和最大化阶段交替迭代直到所有未知数据收敛。

设与完备数据集 C 对应的非完备数据集为 V，混合概率模型中的权重 $\boldsymbol{\omega}$ 为未知的隐藏数据，因为其代表了数据的类属性。对于 C 和 V 中的数据项则有 $\boldsymbol{c} = [\boldsymbol{v} \quad \boldsymbol{\omega}]$。基于上述 EM 方法的基本思想，给出 EM 算法的具体步骤，设前 s 步迭代得到了 $\boldsymbol{r}^s$，将通过下列程序得到 $\boldsymbol{r}^{s+1}$。

1. E 步骤

使用非完备数据及模型参数的当前值计算完备数据的期望值：已知 $\boldsymbol{v}$，计算 $\boldsymbol{\omega}$ 的期望值 $\boldsymbol{\omega}^s$。

2. M 步骤

使用由 E 步骤得到完备数据的期望值，极大化完备数据对于模型参数 $\boldsymbol{r}$ 的对数似然函数

$$\boldsymbol{r}^{s+1} = \arg\max_{\boldsymbol{r}^s} L_c(\boldsymbol{c}^s, \boldsymbol{r}) = \arg\max_{\boldsymbol{r}^s} L_c([\boldsymbol{v}\boldsymbol{\omega}^s], \boldsymbol{r}) \tag{5-52}$$

在整个迭代的过程中，非完备数据的对数似然函数是分阶段增长的，那么 $\boldsymbol{r}$ 会逐步收敛到对数似然函数的某局部极大值，但是并不能保证收敛到正确的极值。

5.2.3.3 基于 EM 方法的运动图像分割

如果进行了视频影像序列的配准和镶嵌，那么大部分的背景运动位移参数（即仿射变换参数）已知。基于这一点考虑，并且假设图像只分为背景层和目标层，首先给出混合概率模型：

$$p(B_t \mid B_{t-1}^s, I_t, I_t^s, \boldsymbol{u}_t) = w^b p_b(B_t \mid I_t, I_t^s, \boldsymbol{u}_t) + w^o p_o(B_t \mid B_{t-1}^s, I_t, I_{t-1}^s, \boldsymbol{u}_t) \tag{5-53}$$

式中：B 表示影像背景层；I 为影像强度；向量 $\boldsymbol{u} = (\boldsymbol{u}^h, \boldsymbol{u}^v)$ 为影像光流（像素位移，包括横纵两个方向）；上标 s 表示该值为稳定配准后值，下标 t 和 $t-1$ 为影像帧时间戳；w^b 和 w^o 分别为背景层和目标层的概率权重，两者之和为 1；p_b 和 p_o 分别表示背景层和目标层的概率密度函数。

由条件概率法则有

$$p_b(B_t \mid I_t, I_t^s, \boldsymbol{u}_t) = p(B_t \mid I_t) \cdot p(I_t \mid I_{t-1}^s, \boldsymbol{u}_t) \tag{5-54}$$

和

$$p_o(B_t \mid B_{t-1}^s, I_t, I_{t-1}^s, \boldsymbol{u}_t) = p(B_t \mid B_{t-1}^s, \boldsymbol{u}_t) \cdot p(I_t \mid I_{t-1}^s, \boldsymbol{u}_t) \tag{5-55}$$

5.2.4 基于图论的运动图像分割

基于图论的运动图像分割方法较之基于 EM 的分割方法而言鲁棒性更强。基于图论的方法属于聚类方法的一种，其特点在于聚类的过程中利用了图的一些属性。运动图像的分割方法可看作是静态图像分割的扩展，本章以图论的一些基本原理为基础，具体分析一种基于归一化切分(Ncut)的运动图像分割方法。

5.2.4.1 图论基本概念和原理

1)图由一个顶点集和一个边集组成，记作 $G = \{V, E\}$，其中每条边将不同的顶点连接在一起，且至多只能有一条连接了某一对顶点的边，即 $E \subset V \times V$。

2)无向图是边没有方向性的图，即边 (c, d) 和边 (d, c) 没有区别的图。

3)加权图是边具有权重值的图。

4)连通图是图中每个顶点均具有通向其他各顶点路径的图。

5)每个图都可以由一些独立的连通子图组成，即 $G = \{V_1 \cup V_2 \cup \cdots \cup V_n, E_1 \cup E_2 \cup \cdots \cup E_n\}$，其中，所有的子图 $\{V_i, E_i\}$ 均是连通的，且不存在连接集合 V_i 和集合 V_j 中的元素的边集 E，其中 $i = j$。

一个加权图可以用一个方阵进行表示，图中的每个顶点对应矩阵中的行列下标，矩阵中的元素对应图中的边，矩阵中 (i, j) 元素赋予的值为对应边的权重值。如果图为无向图，那么 (i, j) 和 (j, i) 等同，表示图的方形矩阵为对称矩阵。这种表示方式使得利用矩阵运算解决图问题成为可能。

5.2.4.2 基于归一化切分的图分割

基于图论的聚类方法通常是将需要聚类的元素同图中的顶点逐一对应，顶点可以任意连接，建立图的边，元素某种属性的相似程度以边的权重表示。由于图可以划分为独立的连通子图，那么按照子图内边的权重大于连接子图的边的权重的原则，对图进行分割，即实现了对元素的聚类。

已知一个加权图 $G = \{V, E\}$，可以将其划分成两个不相连接的子图点集 A 和 B，即 $A \cup B = V$，$A \cap B = \varnothing$。划分是通过移除连接两个子图的边来实现的，两个子图之间的相异程度可通过计算移除边的权重之和来表示，在图论中，可以将这个权重和称为切分(cut)。如果设 $w(c, d)$ 为边 (c, d) 的权重，那么

$$\text{cut}(A, B) = \sum_{u \in A, v \in B} w(\boldsymbol{u}, v) \tag{5-56}$$

图 5-2(d)给出了对图 5-2(a)的切分，将原图切分为 A、B，分别以空心圆和带圆点空心圆表示，图 5-2(d)图中虚线为切分边。对图最优化的二分就是有最小的切分值。

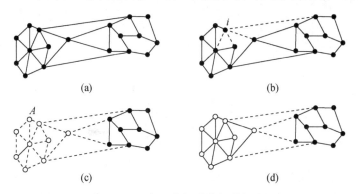

图 5-2　图归一化切分的相关概念

单纯的切分不能保证最优的分割结果，因为其主要计算的是子图连接边的权重，这个过程极有可能受到少数离群孤立点的干扰，所以，即便能最小化连接边的权重之和，也不能表明所分各子图内的权重和最大。基于这点考虑，给出一种更为合理的划分方法——归一化切分（Ncut），即

$$\mathrm{Ncut}(A,B) = \frac{\mathrm{cut}(A,B)}{\mathrm{assoc}(A,V)} + \frac{\mathrm{cut}(A,B)}{\mathrm{assoc}(B,V)} \tag{5-57}$$

式中：$\mathrm{assoc}(A,V)$ 如图 5-2 中的虚线所示，为子图点集 A 中顶点到图中所有顶点的连接之和，也可以理解为图(5-2)内有一个顶点在 A 中的所有边的权重和，称为接合（association），即

$$\mathrm{assoc}(A,V) = \sum_{n \in A, t \in V} w(\boldsymbol{u},t) \tag{5-58}$$

与归一化切分类似，对于给定图的划分 A 和进一步定义归一化接合（Nassoc）为

$$\mathrm{Nassoc}(A,B) = \frac{\mathrm{assoc}(A,A)}{\mathrm{assoc}(A,V)} + \frac{\mathrm{assoc}(B,B)}{\mathrm{assoc}(B,V)} \tag{5-59}$$

式中：$\mathrm{assoc}(A,A)$ 和 $\mathrm{assoc}(B,B)$ 分别 A、B 内所有边的权重和。

归一化切分和归一化接合分别定义了子图点集间的区别和子图点集内的联系，以其为判决条件，便能实现对图的最优化分割。这两者之间也是密切相关的：

$$\begin{aligned}
\mathrm{Ncut}(A,B) &= \frac{\mathrm{cut}(A,B)}{\mathrm{assoc}(A,V)} + \frac{\mathrm{cut}(A,B)}{\mathrm{assoc}(B,V)} = \frac{\mathrm{assoc}(A,V) - \mathrm{assoc}(A,A)}{\mathrm{assoc}(A,V)} \\
&+ \frac{\mathrm{assoc}(B,V) - \mathrm{assoc}(B,B)}{\mathrm{assoc}(B,V)} = 2 - \left[\frac{\mathrm{assoc}(A,A)}{\mathrm{assoc}(A,V)} + \frac{\mathrm{assoc}(B,B)}{\mathrm{assoc}(B,V)} \right] \\
&= 2 - \mathrm{Nassoc}(A,B)
\end{aligned} \tag{5-60}$$

式(5-60)说明作为判决条件，归一化切分的最小化和归一化接合的最大化是同时满足的。既然可以通过矩阵运算解决图问题，那么寻求最优的图分割可以通过下述过程实现。对于划分为 A、B 两个子集的 V，设 $d(i) = \sum w(i,j)$ 表示所有与顶点 i 连接的边的权重

之和，如图 5-2(b)所示。设 N 维标识向量 $\boldsymbol{y}$，$N=|V|$，有

$$y_i = \begin{cases} 1, & \text{顶点 } i \in A \\ -b, & \text{顶点 } i \notin A, b>0 \text{ 且 } b = \dfrac{\sum_{y_i>0} d_i}{\sum_i^N d_i - \sum_{y_i>0} d_i} \end{cases} \tag{5-61}$$

进一步假设以 d 为对角元素的 $N \times N$ 对角矩阵 $\boldsymbol{D}$，以及 $N \times N$ 对称矩阵 $\boldsymbol{W}$，矩阵元素 $W(i, j)=w(i, j)$，经过推导，可以得出这样的结论

$$\min \text{Ncut}(A,B) = \min \text{Ncut}(\boldsymbol{y}) = \min_y \frac{\boldsymbol{y}^{\mathrm{T}}(\boldsymbol{D}-\boldsymbol{W})\boldsymbol{y}}{\boldsymbol{y}^{D}\boldsymbol{y}} \tag{5-62}$$

在上述条件和 $\boldsymbol{y}^{\mathrm{T}}\boldsymbol{Dl}=0$（$\boldsymbol{l}$ 为 $N \times 1$ 维单位向量）的约束下，最优的分割即是寻找能够使式(5-62)最小化的向量 $\boldsymbol{y}$，但由于向量 $\boldsymbol{y}$ 的各分量为离散值，而且受到计算速度的限制，自然也不可能通过穷尽搜索求解，因此，一种可行的办法是计算使式(5-62)最小的实数向量 $\boldsymbol{y}$，进而通过设定阈值判定与 $\boldsymbol{y}$ 中分量对应的顶点分属哪类子集。

实数向量 $\boldsymbol{y}$ 可通过下述方程求解得到：

$$(\boldsymbol{D}-\boldsymbol{W})\boldsymbol{y} = \lambda \boldsymbol{D}\boldsymbol{y} \tag{5-63}$$

将式 $(\boldsymbol{D}-\boldsymbol{W})\boldsymbol{y}=\lambda \boldsymbol{D}\boldsymbol{y}$ 进一步转化：

$$\boldsymbol{D}^{-\frac{1}{2}}(\boldsymbol{D}-\boldsymbol{W})\boldsymbol{D}^{-\frac{1}{2}}\boldsymbol{z} = \lambda \boldsymbol{z} \tag{5-64}$$

式中：$\boldsymbol{z}=\boldsymbol{D}^{\frac{1}{2}}\boldsymbol{y}$ 与式 $\boldsymbol{D}^{-\frac{1}{2}}(\boldsymbol{D}-\boldsymbol{W})\boldsymbol{D}^{-\frac{1}{2}}\boldsymbol{z}=\lambda \boldsymbol{z}$ 最小的特征值 0 对应的特征向量为 $\boldsymbol{z}_0 = \boldsymbol{D}^{\frac{1}{2}}\boldsymbol{l}$，考虑到将 V 二分为 A 和 B，因此具体求解时选择与第二小的特征值对应的特征向量。

整个过程可以用下面的算法进行描述：

1)建立加权图 $G=\{V, E\}$。根据顶点间的相似测度设置连接顶点的边的权。

2)求解方程 $(\boldsymbol{D}-\boldsymbol{W})\boldsymbol{y}=\lambda \boldsymbol{D}\boldsymbol{y}$。以最小的特征值求其特征向量。

3)对图进行二分。利用第二小的特征值对应的特征向量将图分割为两个部分。

4)判断递归。判断当前的划分结果是否需要进一步细分，如果需要，对已分割的部分重新进行分割。

上述算法中，以计算特征向量递归切分的方式逐步细化，取代了简单的阈值设定，以达到较为理想的分割结果。

5.2.4.3 基于图归一化切分的运动图像分割

图归一化切分提供了一种理想的聚类方法，并且给出了完整的计算过程。在利用图归一化切分方法的分类实践中，解决问题的关键在于构建加权图，即确定何种元素作为图的顶点，选择元素的哪种相似测度作为图中边的权重。较之其他方法，利用图论方法解决图像问题具有一定的优势，因为图与图像有着一种天然紧密的联系，使分析更加直观，便于理解。

在根据运动图像序列建立的加权图中，以每帧影像中的像素作为图的顶点。设 x_i 表

示对应于加权图中顶点的像素坐标，$I_t(x_i)$ 表示 t 时刻以 x_i 为中心的影像窗口，如果在 t +1 时刻像素发生了位移 $\mathrm{d}x$，则有与 $I_t(x_i)$ 对应的窗口 $I_{t+1}(x_i+\mathrm{d}x)$，给出如下两个窗口之间的相似测度：

$$S_i(\mathrm{d}x) = \exp\left\{ \frac{-\sum_w \left[I_i(x_i+s) - I_{t+1}(x_i+\mathrm{d}x+s) \right]^2}{\delta_{\mathrm{ssd}}^2} \right\} \qquad (5\text{-}65)$$

式中：二维实数变量 s 为窗口内的搜索变量；δ_{ssd}^2 根据情况具体指定。

根据偏移量 $\mathrm{d}x$ 对 $S_i(\mathrm{d}x)$ 进行归一化处理，则有

$$P_i(\mathrm{d}x) = \frac{S_i(\mathrm{d}x)}{\sum_{\mathrm{d}x} S_i(\mathrm{d}x)} \qquad (5\text{-}66)$$

式中：$P_i(\mathrm{d}x)$ 即为对应于顶点的运动剖面，反映了图像的运动在每个像素上的概率分布情况。

运动图像序列对应加权图中顶点间的权重反映了所对应像素运动剖面之间的相似程度，两个顶点 i 和 j 之间的运动剖面的相似测度可以定义为

$$\mathrm{aff}(i,j) = 1 - \sum_{\mathrm{d}x} P_i(\mathrm{d}x) P_j(\mathrm{d}x) \qquad (5\text{-}67)$$

进一步给出顶点间的权重定义为

$$w_{ij} = \exp \frac{-\mathrm{aff}(i,j)}{\delta_m^2} \qquad (5\text{-}68)$$

至此，加权图的构建就完成了。随后便可以根据前述的图归一化切分方法对运动图像序列进行分割。

如果计算与运动图像序列中所有像素对应的加权图，运算的数据量将是巨大的，因此必须对图像序列进行次采样。对影像帧的次采样可以减小可供建立的图顶点数量。另外，开辟时空窗口（spatiotemporal window），图 5-3 所示窗口的尺寸在时间上为 k 帧，空间上为 h 像素，即在构建加权图时，只需考虑连接位于时空窗口内，且相互之间权值非零的顶点。根据影像的质量、内容及应用的要求，可以设定不同的采样分辨率和时空窗口尺寸。

图 5-3 中的时间窗口表明通常选取前后共 $2k+1$ 帧影像构建加权图，其目的在于期望利用多帧影像信息的高度相关来优化分割，但是同时这也影响了运算的效率。由于窗口的尺寸是固定的，且相邻影像帧的分割所使用的影像帧高度重叠，如图 5-3 所示，所以可以考虑利用前帧影像的计算结果作为本帧影像计算的预测值。

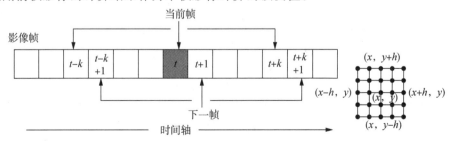

图 5-3　运动图像序列次采样的时空窗口

5.3 无人机序列影像的运动目标跟踪

5.3.1 基本思想

目标检测方法的计算复杂度较高，因此对于数据量庞大的视频影像数据或者运动图像序列，期望完全依赖运动检测实现对目标长时间的突显及锁定是不切实际的。目标检测注重的是方法的精度，即能够准确地将目标从背景中分离出来，而目标跟踪更偏向于算法的性能，即实现快速的处理，当然也需要具有较高的准确性。一种较为合理同时也被广泛采用的思路是：在跟踪处理应用的开始或者处理过程中的某些特定时段，进行运动目标检测，提取出运动目标的特征属性信息，建立目标模型，采用与特征属性相适应的处理方法（通常为相似性匹配方法）进行目标跟踪。

5.3.2 基于 Hausdorff 距离的图像目标匹配定位方法

运动目标的跟踪是一个连续的过程，假设在某一时刻检测出了运动目标，并构建了针对目标形状纹理特征的影像模型，随着时间的推移，视频影像中的目标形状多数情况下必然发生变化（这种变化可能是目标受到遮挡或摄像机视角的变化等造成的），那么自然就会因为目标模型的固定和目标的逐渐变化使随后的匹配发生偏差，从而出现跟踪丢失的现象。因此必须采用一种稳健的模板测度克服上述影响。实践证明，Hausdorff（豪斯多夫）距离是一种较为有效的、针对目标形状纹理特征的测度。

5.3.2.1 Hausdorff 距离概念和原理

Hausdorff 距离描述了两个点集之间的距离。如图 5-4 所示，空间内存在两个点集 A = $\{a_1, a_2\}$ 和 $B = \{b_1, b_2, b_3\}$，A 中的点 s 到 B 中的三个点 b_1、b_2 和 b_3 分别对应三个两点间的距离 d_{11}、d_{12} 和 d_{13}，经过比较，最短距离为 d_{11}，同理对于 a_2 点到 B 中所有点的距离为 d_{21}、d_{22} 和 d_{23}，最短距离为 d_{23}，再将两组的最短距离进行比较得到其中较大的距离 d_{11}，d_{11} 即为点集 A 与点集 B 之间的 Hausdorff 距离，定义如下：

$$h(A,B) = \max_{a \in A} \min_{b \in B} \| a - b \| \tag{5-69}$$

式中：$h(A, B)$ 代表了 A、B 之间的 Hausdorff 距离，对于大多数应用一般选择 $L2$ 范数计算 h。Hausdorff 距离表明：对于点集 A 中的任意一点，在 Hausdorff 距离的范围内必然存在属于点集 B 的点。图 5-5(a) 给出了对这点含义的说明，以 A 中的点为圆心、Hausdorff 距离为半径，所做的圆的范围内必然包含 B 中的点。

图 5-4　Hausdorff 距离的定义

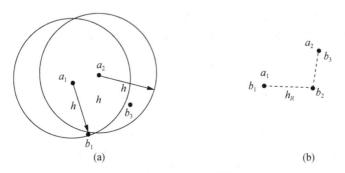

图 5-5　Hausdorff 距离的性质

$h(A,B)$ 作为测度，说明了点集 A 与点集 B 在空间分布上的相似程度。例如，若 $h(A,B)=0$，那么 A 中所有的点必然直接叠加到 B 中的点之上（点的位置重合）。从对 Hausdorff 距离的定义中可以看出 h 是不对称的，或者说 h 是有方向性的，即绝大多数情况下 $h(A,B)\neq h(B,A)$，如图 5-5(b) 所示，$h(A,B)=0$ 而 $h(B,A)=h_R$。通常不对称性是极大极小函数的性质之一，基于这点考虑，进一步给出更通用的定义，无向 Hausdorff 距离（undirected Hausdorff distance）：

$$H(A,B)=\max[h(A,B),h(B,A)] \tag{5-70}$$

式中：$h(A,B)$ 称为前向距离（forward distance）；$h(B,A)$ 称为反向距离（reverse distance）。

Hausdorff 距离和无向 Hausdorff 距离也具有一定的缺陷，因为其容易受到孤立的离群点的影响。例如，点集 A 和 B 很相近，但 A 中存在一个孤立的点远离 B 中所有的点，从而使 H 和 h 的值变得很大，出现误判，所以实践中一般采用改进模型，称为局部有向 Hausdorff 距离（partial directed Hausdorff distance）和局部无向 Hausdorff 距离（partial undirected Hausdorff distance），分别为

$$h^f(A,B)=\underset{a\in A,\,b\in B}{f^{\mathrm{th}}\min}\|a-b\| \tag{5-71}$$

和

$$H^{f_{\mathrm{F}}f_{\mathrm{R}}}(A,B)=\max[h^{f_{\mathrm{F}}}(A,B),h^{f_{\mathrm{R}}}(B,A)] \tag{5-72}$$

式中：$\underset{a\in A}{f^{\mathrm{th}}}g(a)$ 表示关于点集 A 的 $g(a)$ 的第 f 分位数，$0\leqslant f\leqslant 1$。分位数是概率统计中的概念，这里给出一个示例，对于二维向量 $\boldsymbol{x}=\begin{bmatrix}2 & 4 & 6 \\ 3 & 5 & 7\end{bmatrix}^{\mathrm{T}}$，对应的第 0、0.25、0.5、0.75

和 1 的分位值为 $g(x)_0 = \begin{bmatrix} 2 & 3 \end{bmatrix}$，$g(x)_{0.25} = \begin{bmatrix} 2.5 & 3.5 \end{bmatrix}$，$g(x)_{0.5} = \begin{bmatrix} 4 & 5 \end{bmatrix}$，$g(x)_{0.75} = \begin{bmatrix} 5.5 & 6.5 \end{bmatrix}$ 和 $g(x)_1 = \begin{bmatrix} 6 & 7 \end{bmatrix}$。因此利用局部 Hausdorff 距离可以克服对离群点的敏感。注意式(5-72)的局部无向 Hausdorff 距离中前向距离和反向距离分别采用了不同的 f 值，分别标识为 f_F 和 f_R，作为相应的控制变量。

5.3.2.2 基于 Hausdorff 距离的视频影像目标匹配定位

在基于 Hausdorff 距离的数字影像应用中，点集通常使用一些特征检测算子获得。例如 Canny 边缘检测算子，该算子能够较好地描述目标的轮廓，而对处理后的影像进行二值化，那么边缘所包含的像素便作为用来计算的点集，有

$$h^f(M, I) = f^{\text{th}}_{m \in M} \min_{i \in I} \| m - i \| \tag{5-73}$$

和

$$H^{f_F f_R}(M, I) = \max[h^{f_F}(M, I), h^{f_R}(I, M)] \tag{5-74}$$

式中：M 表示期望在影像中匹配定位的目标模型点集，I 表示包含有目标的影像点集。一般的匹配采用与模型大小一致的模板框(窗口)，处理时只针对位于框内的影像部分，因此这里补充定义框反向 Hausdorff 距离(box-reverse Hausdorff distance)为

$$h_{\text{box}}(I, M) = \max_{(i_x, i_y) \in I} \min_{m \in M} \| (i_x, i_y) - m \| \tag{5-75}$$

$$x_{\min} \leqslant i_x \leqslant x_{\max} \tag{5-76}$$

$$y_{\min} \leqslant i_y \leqslant y_{\max} \tag{5-77}$$

与之相对的自然就有

$$h^{f_R}_{\text{box}}(I, M) \tag{5-78}$$

考虑到目标在影像中可能会有多个位置，或者以某种方式发生了变形，因此不是直接将目标模型作用于影像，而是测度仿射变换后的模型与影像之间的 Hausdorff 距离。由于可能存在多个与模型相似的变形后的目标，所以给出了两种匹配定位的具体模式，即任意匹配和最优匹配。方法中最主要的问题不仅在于搜索与模型匹配的目标的位置，还需要确定仿射变换的参数，而且似乎后者起到的作用更大一些。任意匹配模式中可能存在多个匹配，与之相对应需要多组仿射变换参数。变换参数是通过在一个称为变换空间(transformation space)的参数空间中搜索得的，采用了多分辨率的单元分解(cell decomposition)，一个单元是空间中的一个直线轴对准区域，搜索从粗分辨率的包含所有可能变换的单元列表开始，根据判决条件取舍每个单元，对于被保留下的单元，缩减其尺寸同时保证各个单元的尺寸一致，即细化分辨率，当单元的尺寸足够小时终止算法。上面只是对考虑到仿射变形的 Hausdorff 距离测度以及单元分解方法的概略描述，其中提到的判决条件主要根据针对局部 Hausdorff 距离定义的阈值和 f_F、f_R 值设定，因此可以看到对于基于无向 Hausdorff 距离的应用来说，控制变量 f_F 和 f_R 是非常关键的参数，同样的道理也适用于有向距离的 f 值。

较之静态影像，视频影像帧之间的高度相关提供了简化方法的可能。视频影像中目标

的变形可能是由下列因素引起的：获取数据的传感器与目标之间的相对位置发生明显的改变，使得观察的视角发生变化，反映到影像上就是目标发生变形；目标在运动的过程中发生突然的变化，如突然改变运动方向，也会使影像中的目标发生变形；在运动过程中目标被其他物体所遮挡，如公路上行驶的车辆被两旁的树木遮挡，同样会使目标产生较为严重的变形。Hausdorff 距离测度的优点在于它作用的是经过处理的由影像边缘像素组成的松散点集，这在某种程度上就已经消除了部分变形的影像。另外，可以通过对目标模型的更新来保持模型对目标变形的适应。综合对视频影像和目标变形的分析，下面给出一种主要面向视频影像的 Hausdorff 距离匹配测度，其中以单纯的平移替代仿射变换。

如果 f 增大，则 $h^f(M, I)$ 将是非减小的；如果 $h^f(M, I)$ 增大，则 f 将是非减小的。这里为 $h^f(M, I)$ 设定一个阈值 d_{th}，即 $h^f(M, I) \leqslant d_{th}$，分位数 f 表明了 M 中 f 的点（f 是一个分数，分位数 f 同时表示点集中所占比例为 f 的子集，这也是"局部"的含义）以 h^f(M, I）距离与 I 中的点接近。对于 $h^f(M, I) \leqslant d_{th}$，如果能够使 f 尽可能大，d_{th} 尽可能小，那么便实现了匹配。

设 $M \oplus t$ 表示将目标模型点集 M 移动到影像平面中 $t = (t_x, t_y)$，则有

$$h^f(M \oplus t, I) = \mathop{f^{th}}_{m+i \in M \oplus t} \min_{i \in I} \| (m+t) - i \| \tag{5-79}$$

和

$$H^{f_F/R}(M \oplus t, I) = \max[h^{f_F}(M \oplus t, I), h^{f_R}(I, M \oplus t)] \tag{5-80}$$

另外，在实践中使用的是 $h^{f_E}_{box}(I, M)$，则式(5-80)改为

$$H^{f_F/R}(M \oplus t, I) = \max[h^{f_F}(M \oplus t, I), h^{f_F}_{box}(I, M \oplus t)] \tag{5-81}$$

式(5-81)即为无向 Hausdorff 距离匹配测度。其中，前向距离 $h^{f_F}(M \oplus t, I)$ 为匹配测度，而框反向距离 $h^{f_F}_{box}(I, M \oplus t)$ 为验证测度。前向距离表明了将 M 移动到 $t = (t_x, t_y)$ 与影像 I 的相近程度，具体匹配时可使用数学形态学方法，设置关于 h^{f_F} 的阈值 d_{th}，以及关于 f_F 的阈值 f_{th}，以 d_{th} 为半径对 I 进行膨胀运算得到 I_{dil}，然后对 $M \oplus t$ 和 I_{dil} 进行与运算，将与运算的结果与 M 进行比较得到比值 f_P，如果 $f_P > f_F$，则认为满足测度。前向距离得到的只是假设匹配，进而以框反向距离验证假设匹配结果的优劣程度。

5.3.3 基于卡尔曼滤波的运动目标跟踪

卡尔曼（Kalman）滤波是时间序列分析方面的经典方法，同时其具体模型卡尔曼滤波器也是一套易于实现的实时最优递推滤波算法。卡尔曼滤波方法是状态空间（state space）方法中的一种。相对于信号而言，"状态"这个概念更加灵活和广泛。因此，在系统中进行与信号有关的估计问题时，经常以状态或状态的分量取代信号作为处理运算对象。状态空间方法的基本特征是：利用状态方程描述动态系统，使用观测方程获得对状态的观测信息；将状态视为抽象的状态空间中的"点"，进而利用在 Hilbert（希尔伯特）空间中定义的投影理论解决状态的最优估计问题。状态空间方法的基本特征自然概括了卡尔曼滤波方法

的主要特点。在对运动图像的分析中，卡尔曼滤波器作为估计运动参数的主要技术手段，得到了广泛应用，以之为基础，针对不同应用的特点，还衍生出了许多新的改进形式。

5.3.3.1 卡尔曼滤波基本原理

卡尔曼滤波是一种递推的状态空间方法，因此在求解时不是直接地去寻找状态的解析解，而是利用前一状态的估计值和当前状态的观测值共同作用，来估计当前状态的值（对于时变系统，状态是关于时间的变量），以这样的方式依次递推求取状态的每一个估计值。从对卡尔曼滤波求解方式的描述中可以看到，状态的每一个估计值都利用到了之前所有的状态观测值。另外，根据前后状态之间的相关关系，卡尔曼滤波利用状态方程描述状态的转移过程。

描述离散时变线性系统的状态方程是

$$x_{t+1} = \boldsymbol{\Gamma} x_t + \boldsymbol{B} u_t + \omega_t \tag{5-82}$$

观测方程是

$$y_t = \boldsymbol{M} x_t + u_t \tag{5-83}$$

式中：状态变量 x 为 n 维向量；观测变量 y 为 m 维向量；描述了前、后状态之间联系的 $n \times n$ 矩阵 $\boldsymbol{\Gamma}$ 为系统矩阵；确定状态变量与观测变量之间关系的 $m \times n$ 矩阵 $\boldsymbol{M}$ 称为观测矩阵；u 为 p 维系统输入；$\boldsymbol{B}$ 为与 u 相对应的 $m \times n$ 阶系数矩阵；白噪声 ω、υ 分别称为过程噪声和量测噪声，两者均属于零均值的正态分布，协方差矩阵分别为 $\boldsymbol{Q}$ 和 $\boldsymbol{R}$；下标 $t+1$ 和 t 为对应的时刻。

卡尔曼滤波需要解决的基本问题就是在 t 时刻已知观测变量 y_t 的条件下求解状态变量 x_t 的线性最小方差估计值 $\hat{x}_t$。最小方差须满足下列指标：

$$\boldsymbol{\Sigma} = \boldsymbol{E}[(x - \hat{x})^{\mathrm{T}}(x - \hat{x})] \tag{5-84}$$

式中：$\boldsymbol{E}[\cdot]$ 为数学期望，满足上述条件的 $\hat{x}$ 即为最优估计。

卡尔曼滤波器所包含的滤波方程组是由投影方法推导出的。式 $\boldsymbol{\Sigma} = \boldsymbol{E}[(x - \hat{x})^{\mathrm{T}}(x - \hat{x})]$ 中的线性最小方差估计值 $\hat{x}$ 可以由下式唯一给出

$$\hat{x} = \boldsymbol{E}(x) + \boldsymbol{P}_{xy} \boldsymbol{P}_{yy}^{-1}[y - \boldsymbol{E}(y)] \tag{5-85}$$

式中：

$$\boldsymbol{P}_{xy} = \boldsymbol{E}\{[x - \boldsymbol{E}(x)][y - \boldsymbol{E}(y)]^{\mathrm{T}}\}, \boldsymbol{P}_{yy} = \boldsymbol{E}\{[y - \boldsymbol{E}(y)][y - \boldsymbol{E}(y)]^{\mathrm{T}}\}$$

进一步，给出 $\hat{x}$ 的性质如下：

1）$\hat{x}$ 是关于 y 的线性函数。

2）无偏性，$\boldsymbol{E}(\hat{x}) = \boldsymbol{E}(x)$。

3）正交性，$\boldsymbol{E}[(x - \hat{x})y^{\mathrm{T}}] = 0$，则 $(x - \hat{x})$ 与 y 是不相关的随机变量。

因为 $(x - \hat{x}) \perp y$，所以称 $\hat{x}$ 为 x 在 y 上的投影，记为 $\hat{x} = \text{proj}(x \mid y)$。若定义 $\boldsymbol{L}(y) = \{z \mid z = \boldsymbol{A}y + b\}$ 为由 y 张成的线性流形，则有性质4）。

4) 对于任意 $z \in L(y)$，有 $(x - \hat{x}) \perp z$，特别是有 $(x - \hat{x}) \perp \hat{x}$。

如果以 y_1，y_2，$\cdots$，y_k 合成的 km 维随机变量，则由其张成的线性流形为

$$L(y_1, y_2, \cdots, y_k) = \left\{ y \mid y = \sum_{i=1}^{k} \boldsymbol{A}_i y_i + \boldsymbol{B}, \boldsymbol{A}_i \in \mathbf{R}^{n \times m}, \boldsymbol{B} \in \mathbf{R}^n \right\} \tag{5-86}$$

进而将 x 在 Hilbert 空间 $L(y_1$，y_2，$\cdots$，$y_k)$ 上的投影记作为

$$\hat{x} = \mathrm{proj}(x \mid y_1, y_2, \cdots, y_k) \tag{5-87}$$

5) 设 n 维随机变量 x，m 维随机变量 y 和 p 维随机变量 z，则对于任意 $\boldsymbol{A} \in \mathbf{R}^{m \times n}$，$\boldsymbol{B} \in \mathbf{R}^{p \times n}$ 有

$$\mathrm{proj}(\boldsymbol{A}x + \boldsymbol{B}z \mid y) = \boldsymbol{A}\mathrm{proj}(x \mid y) + \boldsymbol{B}\mathrm{proj}(z \mid y) \tag{5-88}$$

6) 设 n 维随机变量 x，y_1，y_2，$\cdots$，y_k 均为互不相关的零均值 m 维随机变量，那么有

$$\mathrm{proj}(x \mid y_1, y_2, \cdots, y_k) = \sum_{i=1}^{k} \mathrm{proj}(x \mid y_i) - (k-1)\boldsymbol{E}(x) \tag{5-89}$$

此外，结合上述的性质定义新息序列为

$$\varepsilon_k = y_k - \mathrm{proj}(y_k \mid y_1, y_2 \cdots, y_k), k = 1, 2, \cdots \tag{5-90}$$

式中：y_1，$y_2 \cdots$，y_k 是具有有限均值和方差的 m 维随机变量序列，同时规定 $\varepsilon_1 = y_1 - \boldsymbol{E}(y_1)$。

综合投影的定义和性质以及新息序列的定义，得到针对状态方程和观测方程的递推投影公式

$$\mathrm{proj}(x \mid y_1, y_2, \cdots, y_k) = \mathrm{proj}(x \mid y_1, y_2, \cdots, y_{k-1}) + \boldsymbol{E}[x\varepsilon_k^{\mathrm{T}}][\boldsymbol{E}(\varepsilon_k \varepsilon_k^{\mathrm{T}})]^{-1} \varepsilon_k \tag{5-91}$$

根据式(5-91)推导出卡尔曼滤波方程组即卡尔曼滤波器如下：

$$\hat{x}_{t+1} = \hat{x}_{i+1} + \boldsymbol{K}_{t+1} \varepsilon_{t+1} \tag{5-92}$$

$$\hat{x}_{i+1} = \boldsymbol{\Gamma}\hat{x}_t + \boldsymbol{B}u \tag{5-93}$$

$$\varepsilon_{t+1} = y_{t+1} - \boldsymbol{M}\hat{x}_{i+1} \tag{5-94}$$

$$\boldsymbol{K}_{t+1} = \boldsymbol{P}_{t+1}\boldsymbol{M}^{\mathrm{T}}[\boldsymbol{M}\boldsymbol{P}_{i+1}\boldsymbol{M}^{\mathrm{T}} + \boldsymbol{R}]^{-1} \tag{5-95}$$

$$\boldsymbol{P}_{t+1} = [\boldsymbol{I} - \boldsymbol{K}_{t+1}\boldsymbol{M}]\boldsymbol{P}_{i+1} \tag{5-96}$$

$$\boldsymbol{P}_{i+1} = \boldsymbol{\Gamma}\boldsymbol{P}_t\boldsymbol{\Gamma}^{\mathrm{T}} + \boldsymbol{B}\boldsymbol{Q}\boldsymbol{B}^{\mathrm{T}} \tag{5-97}$$

$$\hat{x}_0 = \boldsymbol{\mu}, \boldsymbol{P}_0 = \boldsymbol{P}_0 \tag{5-98}$$

该方程组中：$\boldsymbol{K}_{t+1}$ 为卡尔曼增益矩阵；$\boldsymbol{P}_{t+1}^-$ 为预报误差协方差矩阵；$\boldsymbol{P}_{t+1}$ 为滤波误差协方差矩阵；$\hat{x}_{t+1} = \mathrm{proj}(x_{t+1} \mid y_1$，$y_2$，$\cdots$，$y_{k+1})$，$\hat{x}_{i+1} = \mathrm{proj}(x_{t+1} \mid y_1$，$y_2$，$\cdots$，$y_k)$，通过增益矩阵 $\boldsymbol{K}_{t+1}$ 与新息 ε_{t+1} 更新 $\hat{x}_{t+1}$ 得到 $\hat{x}_{t+1}$，$\hat{x}_{t+1}$ 由前一估计值和系统输入组成，观测值 y_{t+1} 与 $\hat{x}_{i+1}$ 之间的差异又形成新的新息(这也是新息的含义所在)，增益矩阵 $\boldsymbol{K}_{t+1}$ 依赖于预报误差矩阵，两者共同作用进一步推出滤波误差矩阵，而滤波误差矩阵又将决定随后的预报误差矩阵，在已知估计值及滤波误差协方差矩阵初始值的条件下，便形成了一个完整的递推过程。

卡尔曼滤波器是时变滤波器的一种，它的时变性主要通过增益矩阵的时变体现。如果状态所在的空间是定常的，且当时间趋近于无限大时，增益矩阵趋近于常数矩阵，将这个常数矩阵称为增益矩阵的稳态值，以之取代卡尔曼滤波器中增益矩阵，并且仅保留式(5-92)~式(5-94)，便得到一个简化的次优卡尔曼滤波器。

5.3.3.2 卡尔曼滤波器应用于运动目标跟踪

将视频影像进行离散化，就得到了一组按一定时间间隔采样的影像序列，由于卡尔曼滤波器的处理效果好，加之其递推求解的特性，特别适合解决时间序列方面的问题，因此卡尔曼滤波器在视频影像数据处理方面得到了广泛应用。对于运动目标跟踪的问题，卡尔曼滤波器处理方法可以选择对影像背景模型进行处理，也可以对目标的运动状态进行估计。

在应用中，首先需要考虑的问题是使用目标的哪一种或哪些属性作为滤波处理的状态变量，可以选择目标的运动属性，也可以使用背景以及其他的属性信息。描述物体运动状态的最基本的两个变量是物体所在位置和运动速度，如果物体处于加速运动中，那么还应包括运动的加速度。以目标的位置向量 p、运动速度向量 v 和加速度向量 a 三者组成状态变量 x，为了简化模型，设加速度恒定，则状态变量的三个分量按时间间隔 Δt 的更新式为 $P_{t+1}=P_t+(\Delta t)v_t$，$v_{i+1}=v_i+(\Delta t)a_i$ 及 $a_{i+1}=a_i$，在不考虑系统输入 u 的条件下，有状态方程

$$x_{t+1}=\Gamma x_t+\omega_t \tag{5-99}$$

式中：

$$x_t=\begin{bmatrix} P_t \\ v_t \\ a_t \end{bmatrix} \tag{5-100}$$

而

$$\Gamma=\begin{bmatrix} I^n & (\Delta t)I^n & 0 \\ 0 & I^n & (\Delta t)I^n \\ 0 & 0 & I^n \end{bmatrix} \tag{5-101}$$

式中：I^n 为 n 阶单位阵，n 值通常为 2。对于系统来说唯一的观测值只有目标的位置，则有观测值为 $y_t=P_m$，P_t^m 为随机噪声干扰下的目标位置观测值，则有观测方程

$$y_t=Mx_t+v_t \tag{5-102}$$

式中：

$$M=\begin{bmatrix} I^n & 0 & 0 \end{bmatrix} \tag{5-103}$$

式(5-99)与式(5-102)中的 ω 和 v 定义同前，分别为过程噪声和量测噪声，对应协方差矩阵 Q 和 R。利用卡尔曼滤波器求解两个方程时，可将更改后的卡尔曼滤波方程组划分为

两部分方程组：预测方程组和修正方程组。其中式(5-93)和式(5-97)为预测方程，式(5-83)，式(5-84)及式(5-76)组成修正方程组。若已知$\hat{x}_0$和P_0，给出下列基于卡尔曼滤波的更新算法。

（1）目标运动状态模型。

状态方程为

$$x_{t+1} = \boldsymbol{\Gamma} x_t + \boldsymbol{\omega}_t \tag{5-104}$$

观测方程为

$$y_t = Mx_t + v_t \tag{5-105}$$

（2）给出初始值$\hat{x}_0$和P_0。

（3）更新公式。

预测方程组为

$$\hat{x}_{i+1} = \boldsymbol{\Gamma} \hat{x}_t \tag{5-106}$$

$$P_{t+1} = \boldsymbol{\Gamma} P_t \boldsymbol{\Gamma}^{\mathrm{T}} + BQB^{\mathrm{T}} \tag{5-107}$$

修正方程组为

$$K_{t+1} = P_{i+1} M^{\mathrm{T}} \left[MP_{i+1} M^{\mathrm{T}} + R \right]^{-1} \tag{5-108}$$

$$\hat{x}_{t+1} = \hat{x}_{i+1} + K_{t+1} \varepsilon_{i+1} \quad P_{t+1} = \left[I - K_{t+1} M \right] P_{t+1} \tag{5-109}$$

算法中的初始值$\hat{x}$、P_0，可以通过前期的统计得到。在实施卡尔曼滤波跟踪前的几帧及跟踪后的初始几帧中检测目标，并通过匹配方法准确定位目标，统计目标位置的这些历史数据，能够给出状态变量的初始值，滤波误差协方差可初步给定一个经验值，以此代入滤波方程组。在滤波开始后的初始几帧中监视其输出的结果并与准确结果进行比较，以确定是否需要重新给定初始值，重复上述过程直到跟踪滤波器达到稳定的状态。可以看出在实践中，卡尔曼滤波器还需要与其他方法共同作用以实现跟踪。由于卡尔曼滤波器是一种很程式化的算法，因此在具体确定状态变量、观测值以及需要给定的初始值后，整个运算过程是基本类似的。

5.3.4 基于均值偏移的运动目标跟踪

均值偏移(mean shift)实际上是一种沿概率密度的梯度方向搜索概率密度最大值的方法，同时也是一种有效的统计迭代算法，基于均值偏移的运动目标跟踪方法的实质也是一种基于目标建模的匹配定位跟踪方法，建模和匹配均是在影像的某个特征空间(通常为色彩空间或灰度空间)中进行的，并利用相应的相似测度搜索最佳的匹配结果。

5.3.4.1 均值偏移的基本原理

图 5-6 给出了对均值偏移概念的直观解释。图中给出了一个空间中的随机点阵(以灰

色点表示），期望通过利用图中的兴趣区域窗口搜索到点阵中最密集的区域（十字标示其中心）。首先计算处于兴趣窗口内所有点的质心所在位置（以十字标示），从窗口中心 L 向窗口内点阵质心所做的矢量 $\boldsymbol{MS}$，即被称为均值偏移矢量。沿该矢量移动兴趣窗口使其中心与质心重合。重复上述操作，则最终当方法收敛时，窗口中心的所在便是点阵最密集的位置。如果点阵符合某种概率分布，那么点阵最密集的区域，同样也是概率密度函数的峰值所在。由于不知道点阵符合哪种分布，或者说其概率密度函数的参数未知，所以均值偏移相当于无参数的概率密度梯度估计。

图 5-6　均值偏移的概念

如果有数据样本集 $X = \{x_1, x_2, \cdots, x_n\}$ 服从某个概率密度函数为 $p(x)$ 的分布，那么在 x 处对于概率密度函数 $p(x)$ 的估计 $\hat{p}(x)$ 可以写作

$$\hat{p}(x) = \frac{1}{n} \sum_{i=1}^{n} K(x - x_i) \tag{5-110}$$

式中：$K(x)$ 称为核（kernel）函数或者窗口函数，以此将概率密度估计转化为核密度估计。核函数通常具有这样几个性质：

1）归一性，$\int_{R^d} K(x)\mathrm{d}x = 1$。

2）对称性，$\int_{R^d} xK(x)\mathrm{d}x = 0$。

3）指数权衰减，$\lim_{\|x\| \to \infty} \|x\|^d K(x) = 0$。

4）$\int_{R^d} xx^K(x)\mathrm{d}x = cI$。

其中 c 为常数，d 表示了空间的维数，具有这样四种性质的函数均可作为核函数，在实际应用中通常使用高维核函数和径向对称核函数，分别为

$$K(x) = c \prod_{i=1}^{d} k(x_i) \tag{5-111}$$

$$K(x) = ck(\|x\|) \tag{5-112}$$

式中：c 为常量；核函数 $K(x)$ 在每一维均是相同的。这里进一步给出几种常用的核函数：

1）标准核函数：

$$K_N(x) = c \cdot \exp\left(-\frac{1}{2}\|x\|^2\right) \tag{5-113}$$

2）一致核函数：

$$K_U(x) = \begin{cases} c, & \|x\| \leqslant 1 \\ 0, & \text{其他} \end{cases}$$ (5-114)

3）Epanechnikov 核函数：

$$K_E(x) = \begin{cases} c(1 - \|x\|^2), & \|x\| \leqslant 1 \\ 0, & \text{其他} \end{cases}$$ (5-115)

对于均值偏移方法而言，需要估计的是概率密度函数的梯度，而不是概率密度函数本身，根据线性空间关系，密度梯度的估计等于密度梯度的估计，由式（5-110）可知：

$$\nabla \hat{p}(x) = \frac{1}{n} \sum_{i=1}^{n} \nabla K(x - x_i)$$ (5-116)

采用如下形式的核函数：

$$K(x - x_i) = c \cdot k\left(\left\| \frac{x - x_i}{h} \right\|^2\right)$$ (5-117)

式中：h 为窗口尺寸，也可称为窗口带宽。令 $g(x) = -k'(x)$，将式（5-117）代入式（5-118）有

$$\nabla \hat{p}(x) = \frac{c}{n} \sum_{i=1}^{n} \nabla k\left(\left\| \frac{x - x_i}{h} \right\|^2\right)$$

$$= \frac{c}{n} \left[\sum_{i=1}^{n} g\left(\left\| \frac{x - x_i}{h} \right\|^2\right) \right] \cdot \left[\frac{\sum_{i=1}^{n} x_i g\left(\left\| \frac{x - x_i}{h} \right\|^2\right)}{\sum_{i=1}^{n} g\left(\left\| \frac{x - x_i}{h} \right\|^2\right)} - x \right]$$ (5-118)

式中：$\dfrac{c}{n}\left[\displaystyle\sum_{i=1}^{n} g\left(\left\| \dfrac{x - x_i}{h} \right\|^2\right) \right]$ 是一个新的核密度估计函数，当核窗口的中心位于 x 时，

$\dfrac{\displaystyle\sum_{i=1}^{n} x_i g\left(\left\| \dfrac{x - x_i}{h} \right\|^2\right)}{\displaystyle\sum_{i=1}^{n} g\left(\left\| \dfrac{x - x_i}{h} \right\|^2\right)}$ 即为窗口内样本的质心。根据前面对均值偏移的解释，由此得到均

值偏移向量：

$$\boldsymbol{m}(x) = \frac{\sum_{i=1}^{n} x_i g\left(\left\| \frac{x - x_i}{h} \right\|^2\right)}{\sum_{i=1}^{n} g\left(\left\| \frac{x - x_i}{h} \right\|^2\right)} - x$$ (5-119)

5.3.4.2 基于均值偏移的运动目标跟踪

利用均值偏移方法进行目标跟踪的前提是建立利于其使用的目标模型和相似测度函数。通常运动目标包含许多特征，而基于均值偏移的目标跟踪方法主要针对运动目标的颜色特征。在参考影像帧中建立目标的模型窗口，根据窗口内的影像确定并量化颜色特征空

间，以 $q^t = \{q_i^t, \cdots, q_j^t, \cdots, q_m^t\}$ 表示量化后的结果，其中 m 为量化后的等级，q_i 为对应等级 i 的色度特征值。在随后的影像帧中设置跟踪窗口，同样量化颜色特征空间为 $q^c(y)$ $= \{q_i^c(y), \cdots, q_j^c(y), \cdots, q_m^r(y)\}$，其中 y 为跟踪窗口的中心坐标（模型窗口的中心坐标设为 0）。那么基于颜色特征的相似测度可以表示为 $f_{\text{color}}(y) = f[q^t, q^c(y)]$。考虑颜色特征空间的特性，这个相似测度函数可采用 Bhattacharyya 系数作为具体的表述形式，Bhattacharyya 系数介于 0 和 1 之间，完全一致时为 1，设 $q^{t'} = \{\sqrt{q_i^t}, \cdots, \sqrt{q_j^t}, \cdots, \sqrt{q_m^t}\}$，$q^c(y) = \{\sqrt{q_i^c(y)}, \cdots, \sqrt{q_j^c(y)}, \cdots, \sqrt{q_m^c(y)}\}(y)$，则有

$$f_{\text{color}}(y) = \sum_{j=1}^m \sqrt{q_j^t q_j^c(y)} \tag{5-120}$$

式中：特征空间量化后的等级表示了颜色特征的分类结果，对于窗口中每一个像素，必然可以对应到其中一个分类，继而索引到一个等级，将这种对应关系用函数 d 表示，即对于窗口中坐标为 x_i 的第 i 个像素有 $j = d(x_i)$。又因为每个等级对应的色度特征值通过统计得到，则每个色度特征值必然有其所服从的概率密度函数，而概率密度函数又可以用核函数进行估计，有

$$q_i^t = C \sum_{d(x_i)=j} k(\| x_i \|^2) \tag{5-121}$$

和

$$q_i^c(y) = C_h \sum_{d(x_i)=j} k\left(\| \frac{y-x_i}{h} \|^2\right) \tag{5-122}$$

式中：C 和 C_h 为归一化系数；q_i^t 和 $q_i^c(y)$ 此时表示的是色度特征的概率密度估计；其他符号同前定义。对于式(5-120)，由于窗口中心设为 0，所以有以上的核函数形式。注意式(5-122)中的窗口尺寸，这说明跟踪窗口的大小是可以改变的。两式共同说明了对于一种色度特征值，窗口中每个像素对其的贡献（即所占的权重）。

式(5-120)给出的相似测度函数并不是线性形式，所以用泰勒级数展开的近似形式将其线性化为

$$f_{\text{color}}(y) \approx \frac{1}{2} \sum_{j=1}^m \sqrt{q_j^t q_j^c(y_0)} + \frac{1}{2} \sum_{j=1}^m q_j^c(y) \sqrt{\frac{q_j^t}{q_j^c(y_0)}} \tag{5-123}$$

式中：y_0 为跟踪窗口的初始中心坐标（此处的坐标为与模型窗口中心对应的坐标，即不同影像中的相同位置，处理时通常以与模型窗口对应的位置作为搜索的初始位置）。右边第一项 $\frac{1}{2} \sum_{j=1}^m \sqrt{q_j^t q_j^c(y_0)}$ 与 y 不相关，可以忽略不计，而第二项中的 $\sqrt{\frac{q_j^t}{q_j(y_0)}}$ 则可设为权重值 ω，结合式(5-122)有

$$K_{\text{color}}(y - x_i) = \frac{C_h}{2} \sum_{i=1}^n w_i k\left(\| \frac{y-x_i}{h} \|^2\right) \tag{5-124}$$

式(5-124)为所给出的相似测度的核函数形式。利用在原理中介绍的均值偏移方法，

通过迭代搜索其最大值即可实现匹配定位。利用式(5-118)和式(5-124)，可以得到下一次迭代中跟踪窗口中心的初始位置 y_1 为

$$y_1 = \frac{\sum_{i=1}^{n} x_i w_i g\left(\left\| \dfrac{y_0 - x_i}{h} \right\|^2 \right)}{\sum_{i=1}^{n} w_i g\left(\left\| \dfrac{y_0 - x_i}{h} \right\|^2 \right)} \tag{5-125}$$

当 y_{t+1} 与 y_t 之差小于一定阈值时，算法收敛时即实现匹配定位。

基于均值偏移的运动目标跟踪方法的优点在于一旦目标模型窗口确定，得到核函数，便不再需要其他参数输入，以核函数形式给出的相似测度鲁棒性较强。同时较之其他方法，匹配快速，更适合对实时性要求较高的应用。

第6章 无人机摄影测量制图技术

6.1 摄影测量基础

6.1.1 摄影测量基本概念

摄影测量指的是通过影像研究信息的获取、处理、提取和成果表达的一门信息科学。
摄影测量学是利用光学摄影机或数码相机获取的像片,经过处理以获取被摄物体的形状、大小、位置、特性及其相互关系的一门学科。

6.1.2 摄影测量主要任务

摄影测量学是测绘学的分支学科,它的主要任务是用于测绘各种比例尺的地形图,建立数字地面模型,为各种地理信息系统和土地信息系统提供基础数据。

摄影测量学要解决的两大问题是几何定位和影像解译。几何定位就是确定被摄物体的大小、形状和空间位置。几何定位的基本原理源于测量学的前方交会方法,它是根据两个已知的摄影站点和两条已知的摄影方向线,交会出构成这两条摄影光线的待定地面点的三维坐标;影像解译就是确定影像对应地物的性质。

6.1.3 摄影测量特点

第一,通过对影像进行量测和解译(主要在室内完成),无须接触物体本身,很少受气候、地理等条件的限制。

第二,所摄影像是客观物体或目标的真实反映,信息丰富、形象直观,可以从中获得所研究物体的大量几何信息和物理信息;可以拍摄动态物体的瞬间影像,完成常规方法难以实现的测量工作。

第三,摄影测量适用于大范围地形测绘,成图快、效率高。

第四,摄影测量产品形式多样,可以生产纸质地形图、数字线划图、数字高程模型、数字正摄影像图和实景三维模型等。

6.1.4 摄影测量分类

根据不同的分类标准，摄影测量可以有不同的分类，简单介绍如下。

第一，根据摄影时摄影机所处位置不同，可分为地面摄影测量、航空摄影测量、航天摄影测量和显微摄影测量。其中：航空摄影测量根据相机数量和安装方式的不同可分为正直航空摄影测量和倾斜航空摄影测量；按飞行高度的不同可分为一般航空摄影测量和低空航空摄影测量。无人机航空摄影测量属于低空航空摄影测量的一种类型。

第二，根据应用领域不同，可分为地形摄影测量与非地形摄影测量两大类。

第三，根据技术处理手段不同（或历史发展阶段不同），可分为模拟摄影测量、解析摄影测量和数字摄影测量。现阶段摄影测量全部采用数字摄影测量技术。

6.1.5 无人机航空摄影测量的优势

无人机低空摄影测量以无人驾驶飞机作为飞行平台，配备高分辨率数码相机作为传感器，并在系统中集成应用全球卫星导航系统（Global Navigation Satellite System，GNSS）、惯性测量单元（Inertial Measurement Unit，IMU）、地理信息系统（Geographic Information System，GIS）等技术，可以快速获取一定区域的真彩色、高分辨率（大比例尺）的地表航空遥感数字影像数据，经过摄影测量数据处理后，能够提供指定区域的数字高程模型（Digital Elevation Model，DEM）、数字正射影像图（Digital Orthophoto Map，DOM）、数字线划地形图（Digital Line Graphic，DLG）和数字栅格地形图（Digital Raster Graphic，DRG）等，或者建立地面实景三维模型，它是航天卫星遥感与普通航空摄影在测绘领域中不可缺少的补充技术手段。目前，无人机航空摄影测量技术发展日趋成熟，应用越来越广泛。

与航天卫星遥感和普通航空摄影测量相比，无人机航空摄影测量主要有以下优点。

第一，机动性、灵活性和安全性更高。无人机具有灵活机动的特点，受空中管制和气候的影响较小，能够在恶劣环境下直接获取遥感影像，即便是设备出现故障，也不会出现人员伤亡，具有较高的安全性。

第二，低空作业，获取影像分辨率更高，受气候影响小。无人机可以在云下超低空飞行，弥补了卫星光学遥感和普通航空摄影经常受云层遮挡获取不到影像的缺陷，可获取比卫星遥感和普通航摄更高分辨率的影像。同时，低空多角度摄影可以获取建筑物多面高分辨率的纹理影像，弥补了卫星遥感和普通航空摄影获取城市建筑物时遇到的高层建筑遮挡问题。

第三，成果精度较高，可达到1∶1 000测图精度。无人机为低空飞行器，飞行作业

高度在 $50\sim1\,000$ m，航空摄影影像数据地面分辨率可达 5 cm 以上，摄影测量 4D 成果的平面和高程精度可达到亚分米级，可生产符合规范精度要求的 1∶1 000 数字地形图，能够满足城市建设精细测绘的需要。

第四，成本相对较低、操作简单。无人机低空航摄系统使用成本低，耗费低，对操作员的培养周期相对较短，系统的保养和维修简便，可以无需机场起降，是当前唯一将航空摄影与测量集于一体的航空摄影测量作业方式，是测绘单位实现按需开展航摄飞行作业的理想生产模式。

第五，周期短、效率高。对于面积较小的大比例尺地形测量任务（$10\sim100$ km²），受天气和空域管理的限制较多，大飞机普通航空摄影测量成本高；采用全野外数据采集方法成图，作业工作量大，成本高；而采用无人机航空摄影测量技术，利用其机动、快速和经济等优势，在阴天、轻雾天也能获取合格的影像，既能减轻劳动强度，又能提高作业的效率和精度。

6.1.6 航空摄影测量基础知识

航摄影像是航空摄影测量的原始资料。航摄影片解析就是用数学分析的方法，研究被摄景物在航摄像片上的成像规律，研究像片上影像与所摄物体之间的数学关系，从而建立像点与物点的坐标关系式。其目的是根据像片上的影响，采用解析方法或者图解的方式，获取被摄物体的空间坐标或地物的几何图形。

6.1.6.1 摄影测量常用坐标系统

1. 像平面坐标系 xOy

像平面坐标系是在像平面上用来表示像点位置的坐标系，是一种表示像点在像平面内位置的平面直角坐标系，通常是右手直角坐标系（见图 6-1）。像平面坐标系以像主点为原点，以接近航线方向的框标连线为 x 轴，且取航摄飞行方向或其反向为正方向，y 轴按右手直角坐标系确定。

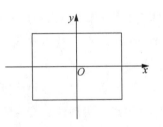

图 6-1　像平面坐标系

2. 像空间坐标系 $Sxyz$

像空间坐标系（简称像空系）是一种主要用于表示像点位置的空间直角坐标系（见图 6-2）。它以投影中心为原点，x、y 轴与像平面坐标系平行轴由右手规则确定。像空间坐标系是表示像点在像方空间位置的空间直角坐标系。

3. 摄影测量坐标系 $SXYZ$ 或 $DXYZ$

摄影测量坐标系（简称摄测系）是表示地面点的空间位置，也是可表示像点的空间位置的空间直角坐标系，是一种过渡坐标系。它的原点通常选在某一摄站或某一地面控制点上，X 轴大体与航向方向一致或相反，Y、Z 轴分别接近水平和铅锤。

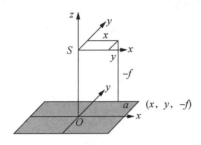

图 6-2　像空间坐标系

4. 地面辅助坐标系 $SXYZ$ 或 $DXYZ$

地面辅助坐标系（简称地辅系）是 Z 轴铅垂的摄测系，是过渡性的地面坐标系统。摄影测量成果一般都在地面辅助坐标系中表示。

5. 大地坐标系 $OX_GY_GZ_G$

大地坐标系指由高斯平面坐标和高程组成的左手空间系，用于描述地面点的空间位置，摄影测量的成果最终转换到该坐标系中。

上面介绍的 5 种坐标系除像平面坐标系和大地坐标系外，其他 3 种都是过渡性质的坐标系。

6.1.6.2 点的坐标变换

点的坐标变换包括像点坐标变换和地面点坐标变换，变换的目的是把像点及其对应的地面点表示在统一的坐标系中，以便利用像点、投影中心和相应地面点三点共线的条件建立构像方程式。坐标变换中一个重要内容是点在像空系中的坐标与以摄站为原点的地辅系中的坐标之间的变换。这是同原点的两空间坐标系间的变换，这个变换依赖于一个旋转矩阵，使用这个矩阵可以实现像点和地面点在像空系和地辅系中的相互变换。

第一，旋转矩阵。设 $Sxyz$ 以和 $SXYZ$ 是同原点的像空系和地辅系，坐标轴不重合。两坐标系的坐标轴之间的夹角余弦（称为方向余弦）见表 7-1。

表 7-1　两坐标系的坐标轴之间的夹角余弦

坐标轴	x	y	z
X	a_1	a_2	a_3
Y	b_1	b_2	b_3
Z	c_1	c_2	c_3

表 7-1 中，a_i，b_i，$c_i(i=1,2,3)$ 就是其所关联的坐标轴夹角的余弦，如 c_2 关联着 y、Z 轴，则

$$c_2 = \cos(y, Z) \tag{6-1}$$

假设空间任一点 a 在两系中的坐标分别为 $(x，y，z)$ 和 $(X，Y，Z)$，则两坐标系之间的坐标变换关系表示为

$$\left.\begin{array}{l} X = a_1 x + a_2 y + a_3 z \\ Y = b_1 x + b_2 y + b_3 z \\ Z = c_1 x + c_2 y + c_3 z \\ x = a_1 X + b_1 Y + c_1 Z \\ y = a_2 X + b_2 Y + c_2 Z \\ z = a_3 X + b_3 Y + c_3 Z \end{array}\right\} \tag{6-2}$$

用矩阵形式表示式(6-2)中的 a_i、b_i、$c_i(i=1，2，3)$，可得出

$$\left.\begin{array}{l} \begin{bmatrix} X \\ Y \\ Z \end{bmatrix} = \boldsymbol{R} \begin{bmatrix} x \\ y \\ z \end{bmatrix} \\ \begin{bmatrix} x \\ y \\ z \end{bmatrix} = \boldsymbol{R}^{\mathrm{T}} \begin{bmatrix} X \\ Y \\ Z \end{bmatrix} \end{array}\right\} \tag{6-3}$$

式中：$\boldsymbol{R} = \begin{bmatrix} a_1 & a_2 & a_3 \\ b_1 & b_2 & b_3 \\ c_1 & c_2 & c_3 \end{bmatrix}$。当 $\boldsymbol{R}$ 是满秩矩阵时，由线性代数可知，式(6-3)可写成

$$\begin{bmatrix} x \\ y \\ z \end{bmatrix} = \boldsymbol{R}^{-1} \begin{bmatrix} X \\ Y \\ Z \end{bmatrix}$$

即

$$\boldsymbol{R}^{\mathrm{T}} = \boldsymbol{R}^{-1}$$

由 $\boldsymbol{R}^{\mathrm{T}}\boldsymbol{R} = \boldsymbol{E}$，$\boldsymbol{E}$ 为单位矩阵，可得出以下结论：旋转矩阵是一个正交矩阵；旋转矩阵每行或每列各元素的二次方之和为 1，互乘之和为 0；给出 3 个独立的方向余弦就可以建立旋转矩阵。

第二，像点和地面点的坐标变换。

1)像点的坐标变换。由像点在像空系中的坐标 $(x，y，-f)$，求像点在地辅系中的坐标 $(X_a，Y_a，Z_a)$，称为像点的坐标变换，像点在地辅系中的坐标称为像点的变换坐标，显然像点的坐标变化依赖于像空系和地辅系之间的旋转矩阵 $\boldsymbol{R}$，即

$$\begin{bmatrix} X \\ Y \\ Z \end{bmatrix} = \boldsymbol{R} \begin{bmatrix} x \\ y \\ z \end{bmatrix} \tag{6-4}$$

将像点坐标代入式(6-4)，可得

$$
\left.\begin{array}{l}
X_a = a_1 x + a_2 y - a_3 f \\
Y_a = b_1 x + b_2 y - b_3 f \\
Z_a = c_1 x + c_2 y - c_3 f
\end{array}\right\} \tag{6-5}
$$

2)地面点的坐标变换。由地面点在地辅系中的坐标$(X，Y，Z)$，求地面点在像空间系中的坐标$(x_A，y_A，z_A)$，称为地面点的坐标变换，地面点在像空系中的坐标称为地面点的变换坐标，即

$$
\begin{bmatrix} x \\ y \\ z \end{bmatrix} = \boldsymbol{R}^{\mathrm{T}} \begin{bmatrix} X \\ Y \\ Z \end{bmatrix} \tag{6-6}
$$

将地面点坐标代入式(6-6)中，可得

$$
\left.\begin{array}{l}
x_A = a_1 X + b_1 Y + c_1 Z \\
y_A = a_2 X + b_2 Y + c_2 Z \\
z_A = a_3 X + b_3 Y + c_3 Z
\end{array}\right\} \tag{6-7}
$$

通过像点的坐标变换和地面点的坐标变换就可以把它们表示在同一个坐标系中，这对于建立共线方程是十分有利的。

6.1.6.3 中心投影的共线方程

1. 共线方程和构像方程式的定义

在摄影测量学中，表示摄影瞬间像点与相应的地面点之间的坐标关系的数学模型，称为构像方程式。为了对航摄影片进行解析处理，必须建立航空影像、地面目标和投影中心的数学模型。在理想情况下，像点、投影中心和物点位于一条直线上，将以三点共线为基础建立起来的描述这三点共线的数学表达式，称为共线条件方程式。

2. 共线方程的推导

构像方程式的建立是以在摄影时地面点、投影中心以及相应的像点三点共线这一条件为基础的。若摄像机的镜头是一个无畸变的理想光组，能够保证出射光线与入射光线在同一直线上或平行，同时，镜头两边光线通过的介质是相同且均匀的，能够保证光线的直进，则共线条件方程便严格成立。按共线条件建立的各种数学模型，没有考虑实际情况与理想情况的差异，即不考虑误差，所以这种数学模型是"纯净"的。

图 6-2 中，S、a、A 三点共线，则在地辅系或像空系中线段 SA 和 Sa 构成了两个向量$\boldsymbol{SA}$和$\boldsymbol{Sa}$，由于两个向量有相同端点 S，且 S、a、A 三点共线，则向量$\boldsymbol{SA}$和$\boldsymbol{Sa}$满足

$$
\boldsymbol{SA} = \lambda \boldsymbol{Sa} \tag{6-8}
$$

式中：λ 为比例系数，是一非零常数。这是共线条件方程的一种表达形式——向量表达式。

用地面点坐标表示像点坐标的共线条件方程。在像空系中，共线条件的坐标表示为

$$\begin{bmatrix} x_A \\ y_A \\ z_A \end{bmatrix} = \lambda \begin{bmatrix} x \\ y \\ -f \end{bmatrix} \qquad (6\text{-}9)$$

将式(6-7)代入式(6-9)，通过解算可得

$$\left. \begin{aligned} x &= -f \frac{a_1 X + b_1 Y + c_1 Z}{a_3 X + b_3 Y + c_3 Z} \\ y &= -f \frac{a_2 X + b_2 Y + c_2 Z}{a_3 X + b_3 Y + c_3 Z} \end{aligned} \right\} \qquad (6\text{-}10)$$

6.1.6.4 内外方位元素

航空摄影瞬间，摄影中心与像片在地面设定的空间坐标系中的位置和姿态的参数称为像片的方位元素。其中，表示摄影中心与像片之间相关位置的参数称为内方位元素，表示摄影中心和像片在地面坐标系中的位置和姿态参数，被称为外方位元素。

6.1.6.5 单张像片的空间后方交会

空间后方交会是利用单幅航摄像片上 3 个以上不在一条直线上的已知点按共线方程计算该像片外方位元素的方法，即由像片地面覆盖范围内的已知若干个控制点以及相应的像点坐标，解算摄站的坐标与影像的方位。

6.1.6.6 立体像对的相对定向解算

以单张像片解析为基础的摄影测量通常称为单像摄影测量或平面摄影测量，这种摄影测量不能解决空间目标的三维坐标测定问题，解决这一问题可依靠由不同摄影站摄取的、具有一定影像重叠的两张像片解析为基础的摄影测量。由不同摄影站摄取的、具有一定影像重叠的两张像片称为立体像对。以立体像对解析为基础的摄影测量称为双像测量摄影或立体摄影测量。

立体像对的相对定向就是要恢复摄影时相邻两影像摄影光束的相互关系，从而使同名光束对对相交。相对定向的方法有两种：一种是单独像对相对定向，它采用两幅影像的角元素运动实现相对定向；另一种是连续像对相对定向，它以左影像为基准，采用右影像的直线运动和角运动实现相对定向。这里主要介绍连续相对定向。

6.2 无人机航空摄影

无人机航空摄影测量作为航天卫星遥感与普通航空摄影在测绘领域中不可缺少的技术手段，其作业流程与普通航空摄影测量基本一致，主要包括测绘航空摄影、摄影测量外业和摄影测量内业等。普通航空摄影测量中普通航空摄影由于采用的航空专业相机和飞行平

台(有人驾驶飞机)价格高,加上我国空域管理严格,航空摄影飞行许可办理十分困难,飞行作业专业性强、要求高,通常普通航空摄影由专业测绘航空摄影单位完成,一般测绘单位仅利用测绘航空影像开展摄影测量数据处理(摄影测量外业和摄影测量内业)。无人机航空摄影测量通常由测绘作业单位完成全过程作业。

6.2.1 无人机航空摄影作业流程

无人机航空摄影作业流程与普通航空摄影作业流程基本一致,主要包括项目基础资料收集、飞行作业空域申请、作业方案技术设计、航空摄影作业、航空影像质量检查和成果验收等阶段。

6.2.2 无人机航空影像特点

与普通航空摄影相比,无人机航空摄影获取的影像具有以下特点。

6.2.2.1 像片数量多,数据处理工作量大

通常无人机航空摄影的传感器系统使用民用级非量测型数码相机,感光器面积小(主要采用 APS-C、全画幅,高端系统采用中画幅)、有效像素较低(有效像素通常在2 000 万~4 240 万之间,最高不大于 1 亿像素),与普通航空摄影(通常相机有效像素不低于 2 亿)项目相比,其像片数量成倍增长,后期遥感应用数据处理工作量和难度大大增加。

6.2.2.2 像片姿态变化大,数据处理难度大

通常无人机航空摄影使用体积更小、质量更轻的无人机作为飞行平台,受气候变化影响大,飞行姿态通常较差,获取的航空影像的旋偏角、俯仰角较大;同一航线的弯曲度、相对航高变化大,航向重叠度不均匀;相邻航线保持平行困难,旁向重叠度变幅较大,航空摄影作业容易发生重叠度不足,甚至产生航空摄影漏洞。与普通航空摄影相比,无人机航空摄影的航向重叠度和旁向重叠度要求更大,后期遥感应用数据处理对软件系统要求更高、处理难度更大。

6.2.2.3 影像质量较低、畸变更大

与普通航空摄影使用工业级量测型数码相机相比,无人机航空摄影传感器系统使用民用级非量测型数码相机,为了减轻系统质量,通常使用质量更轻的低端定焦镜头,镜头畸变不均匀导致影像畸变较大;飞行作业中相对航高较低,相机系统主要采用广角镜头,由此在影像四周也会产生广角畸变,距离中心越远畸变越大;同时感光器像元尺寸小(一般

不超过 6 pm)、感光面积小，获取的航空影像质量不及普通航空摄影影像。因此，无人机航空摄影的相机系统检校间隔更短，后期遥感应用数据处理前必须增加影像预处理流程。

6.2.3 无人机遥感影像质量评价

为了使无人机影像后续数据处理能够顺利完成，需要对获取的无人机影像进行质量评价，主要包括以下几个方面。

6.2.3.1 影像重叠度

影像重叠是指相邻像片所摄地物的重叠区域，有航向重叠和旁向重叠，重叠度以像幅边长的百分比表示。

航向重叠度：

$$P = \frac{l_x}{L_x} \times 100\% \tag{6-11}$$

旁向重叠度

$$Q = \frac{l_y}{L_y} \times 100\% \tag{6-12}$$

式中：l_x、l_y 为像片上航向和旁向重叠部分的边长；L_x、L_y 为像片像幅的边长；如图 6-3 所示。

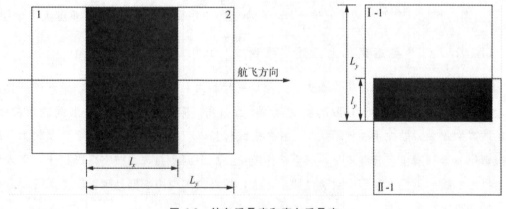

图 6-3　航向重叠度和旁向重叠度

6.2.3.2 航线弯曲度及航高差

航线弯曲度是指航线两端影像像主点之间的连线 l 与偏离该直线最远的像主点到该直线垂直距离 d 的比值，如图 6-4 所示，即 $R = \frac{d}{l} \times 100\%$。航线弯曲度直接影响航向重叠度和旁向重叠度，如果弯曲度大，可能会出现航摄漏洞。

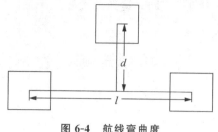

图 6-4　航线弯曲度

航高差是反映无人机在空中拍摄时飞行姿态是否平稳的重要指标，如果航高差变化过大，说明其在空中的姿态不稳定，这时就要分析不稳定的原因——是风速太大，还是无人机硬件故障。《地形图航空摄影测量内业规范》对同一航线上相邻像片规定的航高差是不得大于30 m，最大航高和最小航高之差不得大于 50 m，实际航高与设计航高之差不应大于 50 m。

6.2.3.3 像片倾角

像片倾角指无人机相机主光轴与铅垂线的夹角（见图 6-5）。像片倾角一般不应大于 5°，最大不应超过 12°，出现超过 8°的像片数不应多于总像片数的 10%。特殊地区（如风向多变的山区）像片倾角一般不应大于 8°，最大不应超过 15°，出现超过 10°的相片数不应多于总数的 10%。

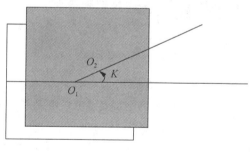

图 6-5　像片倾角

6.2.3.4 像片旋角

像片旋角指相邻像片的主点连线与像幅沿航线方向的两框标连线之间的夹角，像片旋角应满足以下条件。

第一，像片旋角一般不大于 15°，在满足像片航向和旁向重叠度的前提下，个别最大旋角不超过 30°，在同一条航线上旋角超过 20°的像片数不应超过 3 幅，超过 15°旋角的像片数不得超过分区像片总数的 10%。

第二，像片倾角和像片旋角不应同时达到最大值。

6.3 无人机摄影测量数据处理

6.3.1 无人机航空摄影测量成果类型

6.3.1.1 数字高程模型（DEM）

数字高程模型（DEM）是在一定范围内通过规则格网点描述地面高程信息的数据集，用于反映区域地貌形态的空间分布，即采用一组阵列形式的有序数值表示地面高程的一种实体地面模型（见图6-6），是数字地形模型（Digital Terrain Model，DTM）的一个分支，其他各种地形特征值均可由此派生。

图 6-6　数字地形模型

数字地形模型（DTM）是描述包括高程在内的各种地貌因子，如坡度、坡向及坡度变化率等在内的线性和非线性组合的空间分布，其中 DEM 是零阶单纯的单项数字地貌模型，其他如坡度、坡向及坡度变化率等地貌特性可在 DEM 的基础上派生。

数字高程模型构建方法有多种。按数据源及采集方式可以分为直接地面测量构建、摄影测量构建和已有地形图构建。

6.3.1.2 数字正射影像图（DOM）

数字正射影像图（DOM）是以航空或航天遥感影像（单色/彩色）为基础，经过辐射改正、数字微分纠正和镶嵌处理，按地形图范围裁剪成的影像数据，并将地形要素的信息以符号、注记、千米格网和图廓（内/外）整饰等形式填加到影像平面上，形成以栅格数据形式存储的影像数据库。它具有地形图的几何精度和影像特征。

数字正射影像图的分幅、投影、精度和坐标系统，与同比例尺地形图一致，图像分辨率为：输入大于 400 dpi①，输出大于 250 dpi。其具有精度高、信息丰富、直观逼真和现实性强等优点。

数字正射影像图构建方法有多种。按照制作正射影像的数据源，以及技术条件和设备差异划分，主要包括下述 3 种方法。

1. 全数字摄影测量方法

该方法通过数字摄影测量系统来实现，即对数字影像对进行内定向、相对定向和绝对定向后，形成 DEM，按反解法进行单元数字微分纠正，将单片正射影像进行镶嵌，最后按图廓线裁切得到一幅数字正射影像图，并进行地名注记、公里格网和图廓整饰等，经过修改后形成 DOM。

2. 单片数字微分纠正

如果区域内已有 DEM 数据以及像片控制成果，可直接生产 DOM，其主要流程是对航摄负片进行影像扫描后，根据控制点坐标进行数字影像内定向，再由 DEM 成果做数字微分纠正，其余后续过程与上述方法相同。

3. 已有正射影像图扫描

若已有光学投影制作的正射影像图，可直接对光学正射影像图进行影像扫描数字化，再经几何纠正就能获取数字正射影像的数据。几何纠正是直接针对扫描变换进行数字模拟，扫描图像的总体变形过程可以看作是平移、缩放、旋转、仿射、偏扭和弯曲等基本变形的综合作用结果。

6.3.1.3 数字线划地形图（DLG）

矢量地形要素数据是地形图上基础地理要素的矢量数据集，且保存各要素间的空间关系和相关的属性信息。数字线划地图可以方便地实现空间数据和属性数据的管理、查询和空间分析，以及制作各种精细的专题地图，是目前应用最为广泛的数字测绘成果形式。

数字测图中最为常见的产品就是数字线划地图，外业测绘最终成果一般就是 DLG。相比其他数字测绘成果形式，DLG 在放大、漫游、查询、检查、量测和叠加地图等方面更为方便，数据量更小，分层更容易，生成专题地图更快速，也称作矢量专题信息（Digital Thematic Information，DTI）。数字线划地图的技术特征——地图地理内容、分幅、投影、精度和坐标系统与同比例尺地形图一致。图形输出为矢量格式，任意缩放均不变形。

数字线划地图的生产方法主要包括摄影测量（含三维激光测量、InSAR 测量和倾斜摄影等）、野外实测、已有地形图扫描矢量化和数字正射影像图矢量化等。

6.3.1.4 数字栅格地形图（DRG）

数字栅格地形图（DRG）是纸质、胶片地形图的数字化产品，在内容、几何精度和色彩

---

① dpi：dots per inch，每英寸点数。

上与地形图保持一致，由纸质地形图经扫描、几何纠正和图像处理后生成，或由地形图制图数据栅格化处理后生成。

数字栅格地形图的技术特征：地图地理内容、外观视觉式样与同比例尺地形图一样，平面坐标系统、高程系统与相应的矢量地形图完全一致；地图投影采用高斯-克吕格投影；图像分辨率为输入大于 400 dpi，输出大于 250 dpi。

6.3.2 无人机摄影测量外业

无论何种摄影测量方式，其摄影测量外业技术和作业工序基本一致，主要包括控制测量、像片控制测量和像片调绘等工序。

6.3.2.1 控制测量

控制测量是指在项目测区范围内，按测量任务所要求的精度，测定一系列控制点的平面位置和高程，建立起测量控制网，作为项目大地测量、摄影测量、地形测量和工程测量等各种测量活动和工程项目规划、勘测设计、施工、安全监测和维护管理的基础。

控制网具有控制全局、限制测量误差累积的作用，是各项测量工作的依据。对于地形测绘，等级控制是扩展图根控制的基础，以保证所测地形图能互相拼接成为一个整体；对于航空摄影测量，等级控制是扩展像片控制测量的基础，以保证能够进行空中三角测量，各个立体像对所测地形图能互相拼接成为一个整体；对于工程测量，常需布设专用控制网，作为施工放样和变形观测的依据。

控制测量按不同的分类标准有不同分类方法。

第一，按控制测量的层次可分为基本(首级)控制测量、加密控制测量和图根控制测量(像片控制测量)。

第二，按控制测量的内容可分为平面控制测量、高程控制测量和三维控制测量。

平面控制测量：测定控制点平面坐标而进行的控制测量。

高程控制测量：测定控制点高程而进行的控制测量。

三维控制测量：同时测定控制点平面坐标和高程或空间三维坐标而进行的控制测量。

控制测量按精度可分为多个等级，不同测量规范(标准)中控制测量等级划分基本相同，局部可能略有差异，可细分等级。平面控制测量等级通常分为一至五等(可细分为一级、二级)和图根(可细分为一级、二级)；高程控制测量等级通常分为一至四等和图根(可细分为一级、二级)。

控制测量可采用不同测量方法作业。平面控制测量主要作业方法主要包括全球导航卫星系统(GNSS)测量[GNSS 静态相对定位、GNSS 单基站实时动态(Real - Time Kinematic，RTK)定位测量、GNSS 网络 RTK 定位测量和卫星定位导航服务系统(Continuous Operational Reference System，CORS)定位测量等]、三角形网(三角网、三边网和边角同测网)测量、导线测量和小三角测量(前方交会、后方交会等)等；高程控制测量作业方法主要包括水准测量(光学水准测量、数字水准测量和静力水准测量)、三角高程测量(光电测距三角高程、视距三角高程等)等。

6.3.2.2 像片控制测量(Photo Control Survey)

像片控制测量又称为像片联测，是指在实地测定像片控制点(简称像控点)平面位置和高程的测量工作。像片控制测量包括像片控制点设计、像片控制点测量、像片控制点数据处理和像片控制点成果整理等几个工序。

像片控制点设计在测区航空影像的基础上进行，主要确定像片控制点布设方法、像片控制点测量方法、像片控制点测量方案、像片控制点数据处理方案、像片控制点成果资料整理要求和成果提交格式等。

像片控制点布设方法主要包括全野外布点法、单航线布点法和区域网布点法。全野外布点法指以一张像片或一个立体像对为单位布设像片控制点，所有像片控制点均采用全野外实地测量；单航线布点法指以一条航线(段)为单位布设像片控制点并进行野外实地测量的方法；区域网布点法指以几条航线段或几幅图为一个区域布设像片控制点并进行野外实地测量的方法；等等。全野外布点法的像片控制点数量最多，外业工作量最大，成果精度可靠，但对于部分纹理相近区域(如林蠃、草地等)布设像片控制点困难；单航线布点法的像片控制点数量适中，外业工作量中等，空中三角测量工作量较小，成果精度比较可靠，对于跨度不大的纹理相近区域可跨域布设像片控制点，存在相邻航线间像片控制点精度不均匀的缺点；区域网布点法的像片控制点数量最少，外业工作量最小，空中三角测量工作量较大，成果精度比较可靠，对于跨度不大的纹理相近区域可跨域布设像片控制点，整个区域像片控制点精度均匀。无人机航空摄影测量中影像像幅小，像片数量多，像片控制点布设困难，像片控制点布设方法通常不采用全野外布点法，主要采用区域网布点法，辅助采用单航线布点法。

像片控制点可分为平面控制点、高程控制点和平高控制点三种类型。

像片控制点测量方法根据成果精度要求选择相应等级的控制测量(通常等级较低)方法，其外业测量、数据处理控制测量相同。像片控制点测量方法与等级控制测量方法最重要的区别主要有两点：像片控制点野外选点和像片控制点刺点。在野外，像片控制点的点位一般选用像片上的明显地物点，通常要求地势较为平坦区域的目标清晰、易分辨、易测量；点位选定后，应在像片上精确刺出位置，并在像片背面绘出相关地物关系略图，以简明确切的文字说明其位置。

像片控制点测量完成后，要求对像片控制点测量资料进行整理，提交像片控制点成果表及其刺点像片。

6.3.2.3 像片调绘

像片调绘是摄影测量数据中一项最重要的工序，其目的是识别和解释此影像的类属及特性。像片判读(也称像片解译或判释)是像片调绘的主要工作内容,是根据地物的光谱特性、像片的成像规律及判读特征,来阅读和分析像片影像信息的综合过程。

像片调绘采用放大片(目前已有人使用快拼正射影像)调绘,放大片比例尺为成图比例尺的2倍。调绘片采用隔号片,调绘面积线一般不应分割居民地、工矿企业和平行分割线状地物。调绘面积线右、下两边为直线,左、上两边为曲线。自由图边调出范围线4 mm,不得产生漏洞。调绘面积线四周注明接边航线号及片号。自由图边应有检查者签名,接边像片应有接边者、检查者签名,调绘片右下方应有调绘者、检查者签名,注明调绘日期。

像片调绘的方法主要包括先外后内法、先内后外法。对像片各种明显的、依比例尺的地物,可只进行定性数量描述,内业以立体模型为准。调绘片采用红、蓝、黑三色清绘。红色用于调绘面积线、地类界线(用实线表示)、自由图边、新增地物和片外注记等;蓝色用于水系及相应名称注记;其余用黑色。

像片调绘的补测。对于调绘像片上影像模糊、阴影遮盖的地物或者航空摄影后新增地物,应在调绘片上用交会法、截距法等以明显地物点为起始点补调,当大面积地物补调用上述方法保证不了成图精度时,应用解析法、交会法或截距法等进行补测。补测像片上用红色虚线绘出补测范围,另附补测略图供内业描绘。在调绘片上用红色"×"划去摄影后消失的地物。范围较大时可用红色虚线绘出范围是,注明已拆。

像片调绘的主要内容包括居民地及设施调绘、独立地物调绘、交通道路设施调绘、管线垣栅调绘、水系调绘、境界调绘、地貌调绘、植被与土质调绘和名称注记调绘等;军事设施和国家保密单位不进行实地调绘,只用0.2 mm黑实线绘出范围,内部用直径7 mm圆内注"军"或"密"字。

像片调绘主要成果包括调绘片成果和局部区域补测成果。

6.3.4 无人机摄影测量内业

无论何种摄影测量方式,其摄影测量内业数据处理流程和作业工序基本一致,主要包括遥感影像数据预处理、空中三角测量和数字测绘成果生产等工序。

6.3.4.1 遥感影像数据预处理

1. 滤波处理

对数字化图像去除噪声的操作称为滤波处理。数字图像的噪声主要来源于图像的获取(图像的数字化)和传输过程。图像获取中的环境条件和传感器元件本身的质量均对图像传感器的工作情况产生影响。例如:使用CCD相机获取图像,光照程度和传感器温度是图像中产生大量噪声的主要因素;图像在传输过程中由于受传输信道的干扰而产生噪声污染。数字图像的噪声产生是一个随机过程,其主要形式有高斯噪声、椒盐噪声、泊松噪声和瑞利噪声等,滤波处理的主要方法有空域滤波和频域滤波。

（1）空域滤波。空域滤波是使用空域模板进行图像处理的方法，它直接对图像的像素进行处理，属于一种邻域操作，空域模板本身被称为空域滤波器。空域滤波的原理是在待处理的图像中逐点地移动模板，将模板各元素值与模板下各自对应的像素值相乘，最后将模板输出的响应作为当前模板中心处像素的灰度值。

（2）频域滤波。频域滤波是变换域滤波的一种，是指将图像进行变换后（图像经过变换从时域到频域），在变换域中对图像的变换系数进行处理（滤波），处理完毕后再进行逆变换，最后获得滤波后的图像的过程。频域滤波的主要优势是在频域中可以选择性地对频率进行处理，有目的地让某些频率通过，而阻止其他的频率通过。目前使用最多的变换方法是傅里叶变换。由于计算机只能处理时域和频域都离散的信号，处理信号之前需要进行离散傅里叶变换，而图像在计算机中的存储形态是数学矩阵，其信号都是二维的，所以最终进行数字图像滤波时，计算的是二维离散傅里叶变换。

2. 镜头畸变校正

由于无人机有效载荷质量相对有人机较小，所以无人机搭载的航空摄影测量设备大多是非量测型相机，镜头存在着不同程度的畸变。镜头畸变实际上是光学透镜固有的透视失真的总称，它可使图像中的实际像点位置偏离理论值，破坏了物方点、投影中心和相应的像点之间的共线关系，即同名光线不再相交，使像点坐标产生位移，空间后方交会精度减低，最终影响空中三角测量的精度，制作的数字正射影像图也同样产生了变形。镜头畸变主要包括径向畸变（如枕形变形）和偏心畸变（如桶形变形），如图 6-7 所示。

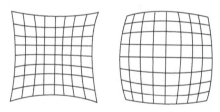

图 6-7　枕形变形和桶形变形

径向畸变主要是由透镜的径向曲率误差造成像主点的偏移，且离中心越远，变形越大；偏心畸变源于装配误差，分别由遥感光学组件轴心不共线和电荷耦合器件（Charge Coupled Device，CCD）面阵排列误差造成。这些变形共同导致了遥感数字图像的畸变，图像畸变校正的数学模型表示为

$$
\left.
\begin{aligned}
\Delta x &= (x-x_0)(k_1 r^2 + k_2 r^4) + p_1[r^2 + 2(x-x_0)^2] \\
&\quad + 2p_2(x-x_0)(y-y_0) + \alpha(x-x_0) + \beta(y-y_0) \\
\Delta y &= (y-y_0)(k_1 r^2 + k_2 r^4) + p_1[r^2 + 2(y-y_0)^2] \\
&\quad + 2p_2(x-x_0)(y-y_0) + \alpha(x-x_0) + \beta(y-y_0) \\
r^2 &= (x-x_0)^2 + (y-y_0)^2
\end{aligned}
\right\}
\tag{6-13}
$$

式中：Δx、Δy 为像点改正值；(x, y) 为像点坐标；(x_0, y_0) 为像主点坐标；r 为像点向径；k_1、k_2 为径向畸变系数；p_1、p_2 为切向畸变系数；α 为像素的非正方形比例因子；β

为 CCD 阵列排列非正交性的畸变系数。

校正镜头畸变的方法是建立一个高精度检校场，检校场内的标志点坐标已知，用待检校的数码相机对其进行拍摄，在照片上提取数个标志点的像点坐标，然后根据共线方程，将标志点的物方坐标经透视变换反算出控制点的理想图像坐标，设为无误差的像点坐标，然后代入图像畸变校正的模型公式［见式(6-13)］中，即可求出畸变改正参数，完成镜头畸变的校正。其中，建立高精度检校场是关键，检校场可分为二维和三维两种。检校场的控制点精度要求非常高，通常在亚毫米级，标靶、标杆等相关器件也是由膨胀系数极小的特殊合金材料制作的。

6.3.4.2 空中三角测量

空中三角测量是指在立体摄影测量中，利用像片对内在的几何联系，根据少量的野外控制点，在室内进行控制点加密，求得加密点的高程和平面位置的测量方法，即利用一系列连续的带有一定重叠度的航测影像，根据事先测量的少量野外控制点的实际坐标值，以摄影测量中的几何关系建立相应的航线模型或区域网模型，从而解算出加密点的平面坐标和高程。其主要作用是减少测区影像绝对定向时所需要的控制点，在保证精度的情况下减小测量野外控制点的工作量，降低在不易测量控制点的地形复杂地段或者危险区域的测图难度。空中三角测量的主要目的是为缺少野外控制点的地区测图提供绝对定向的控制点。

1. 空中三角测量分类

空中三角测量按照摄影测量的技术发展阶段(或历史发展阶段)不同，同样可分为模拟空中三角测量、解析空中三角测量和数字空中三角测量。现阶段空中三角测量全部采用数字空中三角测量技术。

1)模拟空中三角测量，又称为光学机械法空中三角测量，是在全能型立体测量仪器(如多倍仪)上进行的空中三角测量，在仪器上恢复与摄影时相似或相应的航线立体模型，根据测图需要选定加密点，并测定其高程和平面位置。

2)解析空中三角测量，又称为电算加密，是指用计算的方法，根据像片上量测的像点坐标和少量地面控制点，采用较严密的数学公式，按最小二乘法原理，用电子计算机解算待定点的平面坐标和高程。

3)数字空中三角测量，又称为自动空中三角测量，是指在数字摄影测量中，利用影像匹配方法在计算机中自动选择连接点，实现自动转点和量测，进行空中三角测量。

2. 解析空中三角测量方法

解析空中三角测量可以采用不同的方法，按照平差中采用的数学模型不同，可以分为航带法、独立模型法、光束法等三种。

(1)航带法。航带法空中三角测量将一条航带作为研究的模型。先将一个立体像对看成一个单元模型，然后将多个立体像对构成的单元模型连接成一个航带，构成航带模型，再将整个航带模型看成一个单元模型进行解析计算处理。其主要流程如下：

1)像点坐标的量测和系统误差的改正。

2)像对的相对定向。

3)模型连接及航带网的构成。

4)航带模型的绝对定向。

5)航带模型的非线性改正。

(2)独立模型法。为了避免航带法平差误差的不断积累，可以将单元模型作为计算单元，由相互连接的单元模型构成航带网或者区域网。在此过程中误差被限制在单个模型范围内，从而避免了误差的传递积累。其基本思想是将单元模型(一个像对或者两个甚至三个像对)视为刚体，利用各模型彼此间的公共点进行平移、缩放或旋转等三维线性变换，连成一个区域。在变换过程中，尽量保证模型间的公共点坐标的一致性和控制点的观测坐标和其在地面摄影测量坐标的一致性。最后通过最小二乘法原理求得待定点的地面坐标。

(3)光束法。光束法区域网空中三角测量是以一幅影像所组成的一束光线作为平差的基本单元，以中心投影的共线方程作为平差的基础方程而进行的解析计算方法。和前两种方法相比，光束法空中三角测量理论上更加严密而且精度更高。与此同时，它所需要的计算量更大，因此对计算机的容量和性能要求更高。随着计算机技术的发展，计算机的运算速度和容量得到了很大的提高，而且成本不断下降，使得光束法成为目前运用最广泛的方法，并且普遍运用于无人机低空摄影测量中，是其后期数据处理的核心内容之一。

3. 数字空中三角测量作业流程

自动数字空中三角测量就是利用模式识别技术和多像影像匹配等方法代替人工在影像上自动选点与转点，同时自动获取像点坐标，提供给区域网平差程序解算，以确定加密点在选定坐标系中的空间位置和影像的定向参数。

(1)构建区域网。一般来说，首先需将整个测区的光学影像逐一扫描成数字影像，然后输入航摄仪建立摄影机信息文件，输入地面控制点信息等建立原始观测值文件，最后在相邻航带的重叠区域量测一对以上的同名连接点。

(2)自动内定向。通过对影像中框标点的自动识别与定位来建立数字影像中的各像元行、列数与其像平面坐标之间的对应关系。首先，根据各种框标均具有对称性及任意倍数的90°旋转不变性这一特点，对每一种航摄仪自动建立标准框标模板；其次，利用模板匹配算法自动快速识别与定位各框标点；最后，以航摄仪检定的理论框标坐标值为依据，通过二维仿射变换或者是相似变换解算出像元坐标与像点坐标之间的各变换参数。

(3)自动选点与自动相对定向。首先，用特征点提取算子从相邻两幅影像的重叠范围内选取均匀分布的明显特征点，并对每一特征点进行局部多点松弛法影像匹配，得到其在另一幅影像中的同名点。为了保证影像匹配的高可靠性，所选的点应充分多。然后，进行相对定向解算，并根据相对定向结果剔除粗差后重新计算，直至不含粗差为止，必要时可进行人工干预。

(4)多影像匹配自动转点。对每幅影像中所选取的明显特征点，在所有与其重叠的影像中,利用核线(共面)条件约束的局部多点松弛法影像匹配算法进行自动转点,并对每一对点进行反向匹配,以检查并排除其匹配出的同名点中可能存在的粗差。

(5)控制点半自动量测。摄影测量区域网平差时,要求在测区的固定位置上设立足够的地面控制点。研究表明,即使是对地面布设的人工标志化点,目前也无法采用影像匹配和模式识别方法完全准确地测得它们的影像坐标。当前,几乎所有的数字摄影测量系统都只能由作业员直接在计算机屏幕上对地面控制点影像进行判识并精确手工定位,然后通过多影像匹配进行自动转点,得到其在相邻影像上同名点的坐标。

(6)摄影测量区域网平差。利用多像影像匹配自动转点技术得到的影像连接点坐标可用作原始观测值,提供给摄影测量平差软件,进行区域网平差解算。

6.3.4.3 数字测绘成果生产

空中三角测量完成后,可以按照任务要求开展数字测绘成果生产,无人机航空摄影测绘成果主要包括数字高程模型(DEM)、数字正射影像图(DOM)、数字线划地形图(DLG)和数字栅格地形图(DRG),其中数字栅格地形图(DRG)不采用直接生产方式,通常采用数字线划地形图(DLG)转换获取。

数字测绘成果生产过程中,根据输入空中三角测量成果类型的不同,后续作业流程略有差异。若输入空中三角测量加密点成果,则按照先逐步开展内定向、相对定向、绝对定向工序,再进行模型重建工序,最后进行数字测绘成果生产;若输入影像定向参数成果,则直接进入模型重建工序,再进行数字测绘成果生产。

第 7 章　无人机航测技术应用

7.1　在传统测绘领域中的应用

基于小、巧、灵的特点，无人机在小区域和飞行困难地区快速获取高分辨率影像具有明显优势，而随着无人机航测技术数据获取和处理技术的提高，其数据和产品精度也越来越高，这使得无人机航测技术已经成为与传统测量方式一样重要的数据获取手段，逐步在传统测绘领域得到广泛应用。例如，在大比例尺规模化测绘，4D 产品生产、三维建模、土地利用调查、矿山测量，海岸地形测量、土地整治、地籍测量、大型工程建设等方面，无人机航测技术已显示出其独特的优势。

无人机可以搭载多种遥感任务设备，如轻型光学相机、高分辨率数码相机、倾斜航测相机、全景相机、红外相机、紫外相机和轻小型的多光谱成像仪以及合成孔径雷达系统、机载激光扫描系统等。通过这些传感设备，可获取多种类型的影像信息，并利用计算机和相应的专业软件进行处理，生产符合用户要求和技术标准的各类地理信息产品。无人机在测绘行业的应用主要包括以下几个方面。

7.1.1　4D 测绘成果生产

无人机航空航测技术是继航天遥感和传统航空航测技术之后又一重要的地理信息产品生产手段，航天遥感测量适合大区域（1 000 km² 以上，面积越大，成本越低）中、小比例尺（1∶10 000 及更小）4D 测绘成果生产，传统航空航测技术适合大范围（500 km² 以上，面积越大，成本越低）大比例尺、中比例尺 4D 测绘成果生产，而由于无人机航空航测技术具有相对航高低（50～1 000 m）、飞行速度慢（通常小于 200 km/h）、受气候条件影响小（可云下超低空飞行）、影像分辨率高[影像最高地面采样距离（Ground Sampling Distance，GSD）可小于 5 cm]，起降场地要求低、系统价格低廉、作业方式灵活（可测区内起降，受空中管制和气候影响较小）、安全性较高、作业时效性好、系统性价比高、作业周期短和效率高等特点，更适合小范围（300 km² 以下）大比例尺 4D 测绘成果生产、地质灾害监测及应急测绘等领域。无人机航空航测技术主要使用的机载遥感任务设备包括轻型光学相机、高分辨率数码相机和轻小型的多光谱成像仪、合成孔径雷达系统、机载激光扫描系统等。

传统的大比例尺地形图测绘多采用内外业一体数字化测图的方法，即采用 GNSS-RTK 与全站仪相结合的方法进行测量。可以看出，传统的地形测量方法为点测量模式，需要测量人员抵达每一个地形特征点，通过逐点采集来获取数据，不但非常辛苦，测量效率也较低，一定程度上限制了其在大范围地形测量中的应用。因此，探讨更加灵活机动，高效率的地形测量方法非常必要。

无人机航测技术不仅作业速度快，而且将大量的野外数据采集工作移到室内进行，减少了野外工作量，大幅度降低了作业成本。传统测绘方法只能提供数字线划图，无人机航测不仅能提供数字线划图，而且能提供 DOM、DEM 等多种成果，更加方便、直观。

对于无植被覆盖、地形破碎、复杂、地势险要及人工难以到达的地方，如果采用传统测绘方法，许多地形变换点无法采集，造成图面精度下降、地形表示失真等。无人机移动测量成果不受地形条件限制，精度均匀，从而提高了地形图的整体精度，在高原、矿区、戈壁滩、草原等边远、复杂地区大比例尺基础测绘中具有十分明显的优势。

7.1.2 三维实景建模

7.1.2.1 倾斜航测三维实景建模

倾斜航测技术是国际测绘领域近年来不断发展的一项新技术，是航测技术与遥感未来的重要发展方向，它颠覆了以往正射影像只能从垂直角度拍摄的局限，通过在同一飞行平台上搭载多台传感器，同时从一个垂直、四个倾斜、五个不同的角度采集影像。该技术已经获得较为广泛的应用，如应急指挥、国土安全，数字城市（工程）管理、生态与环境治理、工程勘测设计，数字旅游开发、文物保护和房产税收等。无人机倾斜航测三维实景建模主要使用的机载遥感设备包括各种轻小型或微型倾斜航测相机系统，软件系统主要包括Bentley 公司的 ContextCapture 软件、Skeline 公司的 PhotoMesh 软件、Pictometry 公司的 Pictometry 软件、法国欧洲空客防务与空间公司的 PixelFactoryNEO（原 StreetFactory 街景工厂）、俄罗斯的 AgisoftPhotoScan 软件、微软 Vexcel 公司的 Ultramap 软件、以色列的 VisionMap 软件，以及基于 INPHO 系统的 AOS 软件、武汉天际航信息科技股份有限公司的 DP-Modeler 等。

传统三维建模通常使用 3DSMAX、AutoCAD 等建模软件，基于影像数据、CAD 平面图或者拍摄图片估算建筑物轮廓与高度等信息并进行人工建模。这种方式制作出的模型数据精度较低，纹理与实际效果偏差较大，并且生产过程需要大量的人工参与，同时数据制作周期较长，造成数据的时效性较差，因而无法真正满足用户需要。面倾斜航测技术以大范围、高精度和高清晰的方式全面感知复杂场景，通过高效的数据采集设备及专业的数据处理流程生成的数据成果直观反映了地物的外观、位置和高度等属性，为真实效果和测绘级精度提供保证；同时，能有效提升模型的生产效率，采用人工建模方式一两年才能完成的一个中小城市建模工作，通过倾斜航测建模方式只需要 3～5 个月即可完成，大大降低了三维模型数据采集的经济成本和时间成本。

7.1.2.2 空中全景航测

空中全景航测技术是国际测绘领域近年来研究的另一项高新技术，它通过在同一飞行平台上搭载多台传感器，同时从多个不同的角度采集影像，将用户视角提高至空中，合成的全景影像范围更大，空中俯瞰的效果更为震撼，更符合人眼视觉的真实直观世界。目前，广泛应用于旅游景点宣传、房地产推介、电子导航地图、智慧城市（工程）、智慧交通、智慧水利、生态与环境治理等领域。

7.1.3 矿山测量

矿山测量是安全开采的基本保证，可以为矿山开采和管理提供有益的信息依据，可以为矿山周边的生态环境保护提供决策支持。无人机移动测量在矿山方面的应用如下：

（1）数字矿山建设。数字矿山建设需要大量的影像、地形图和数字高程模型等基础数据，而无人机技术采用低空飞行方法获取地理信息，能克服矿山处于偏远山区、地理环境复杂的劣势，为数字矿山建设提供大量数据。

（2）矿山环境整治。矿山开采破坏了周边的自然环境，如果不注重环境保护，最终将会影响到矿山开采的顺利进行。然而，矿山所处的地理环境使得环境整治较困难，获取基本环境信息难一直是困扰相关职能部门的问题。而采用低空飞行的无人机技术能快速获取大量目标区域的微波、可见光、红外、多光谱影像数据，经过数据处理，得到更多定量、定性分析数据，为矿山的环境整治提供依据。

（3）矿山资源保护和利用。矿产资源属于不可再生能源，必须合理利用和保护，严禁肆意开采。虽然有行政部门监管，但仍存在不少乱采、乱挖现象。采用无人机技术恰好可以实现在无人到达的目标区域即刻取证和空中监测的效果，实现资源保护和利用的动态检测，保证矿山开采的合理性和科学性。

7.1.4 土地利用变更调查与核查

对于土地利用现状的准确掌握是政府科学决策的重要依据之一。随着我国经济建设飞速发展，城乡土地利用状况变化很强烈，个别地区的地图甚至半年就需要更新一次，对目前土地利用调查技术手段的时效性、准确性、经济性提出了更高的要求。因此，我国每年都会开展全国土地变更调查监测与核查。

土地变更调查监测与核查对影像数据的需求量非常大，且对数据的时效性要求非常强，卫星影像数据往往难以满足需求，特别是在一些重点地区，例如对 35 个国家审批监管城市，要求在1～2个月的时间内采用高分辨率的影像数据完成变更监测。受天气、过境时间等因素的制约，高分辨率遥感卫星很难在这么短的时间内及时获取全部的影像数据。采用无人机移动测量系统，配合高分卫星，对未获取到合格数据的地区，在一定的时间点启用无人机系统进行作业，确保监测地区内高分影像数据全覆盖，保证变更调查和监测有图可依、有据可查。

采用高分辨率的无人机影像、卫星影像等，利用多数据源、多尺度、多时相的数字高程模型(DEM)构建三维地理数据库，不仅可以满足综合基础信息获取与收集的要求，而且便于相关部门对区域内进行核查、纠错、变更，决策和管理，极大地提高了测绘成果的现势性和通用性，为后期土地开发利用、可行性研究、土地利用空间布局规划、国土资源信息集成平台建设等提供了广阔的空间。

7.2 在应急测绘保障中的应用

测绘应急保障的核心任务是为国家应对突发性自然灾害、重大事故、社会安全事件等突发公共事件高效、有序地提供地图、基础地理信息数据、公共地理信息服务平台等测绘成果，根据需要开展遥感监测、导航定位、地图制作等技术服务。

无人机航测技术现代化测绘体系的重要组成部分，是测绘应急保障服务的重要技术手段，也是国家、省、市级应急救援体系的有机组成部分。它是自动化、智能化、专业化快速获取应急状态下空间信息并进行实时处理、建模和分析的先进新兴航空遥感技术的综合解决方案。

在重大突发事件和自然灾害应急响应中，无人机航测技术的突出贡献是，它能够第一时间快速获取高分辨率灾情调查数据，辅助政府进行快速决策。

7.2.1 洪灾救援

近年来，受特殊的自然地理环境、极端灾害性天气及经济社会活动等多种因素的共同影响，各地区洪水，泥石流和滑坡灾害频发，造成人员及财产损失，生态环境破坏严重。随着信息技术的不断发展，以"3S"、LiDar、三维仿真等为主的现代化技术不断用于灾害的防治和研究，为开展防灾减灾工作提供了科学的决策依据。利用航测的三维地形图、实测水文资料及河道断面建立边界条件和特征值，以此来推演洪水在真实河道内的淹没范围及程度，进而确定合理的预警指标、安全转移路线及临时安置点等。

7.2.2 气象灾害监测

利用无人机航空遥感系统提供的灾情信息和图像数据，可以进行灾害预测与灾害损失评估，预测灾害发生的范围，准确计算受灾面积并估计灾害损失。例如可以对雨雪、冰冻、低温灾害的发生强度及分布范围实施实时动态监测，并且能够辅助气象部门研究低温冷害发生发展的地域规律，为相关部门采取有效救灾措施提供及时、全面的信息。例如：2021 年河南"7·12"特大暴雨救援活动，灾后救援无人机共出动 26 架次，巡航超过了 2 375 km 的范围，先后参与了河南省郑州市、荥阳市、新乡市多地的救援工作，为河南的灾情研判提供了视频直播、正射影像等关键数据，协助救援人员及时排除了各类隐患，有效推进了相关救援活动的进行。如在周口市进行受灾情况巡查时，灾后救援无人机就发现了某垃圾填埋场发生污水扩散，并将这一消息快速传回了指挥大厅，从而让相关部门采取了相应的处置措施。

7.2.3 地质灾害监测

我国是地质灾害最为严重的国家之一。无人机航空遥感系统能够结合地质专业信息，为地质灾害区提供包括地质、地貌、土壤、水文、土地利用和植被等信息的图形图像信息。这些信息构成了地质灾害灾情评估的基础数据，对提高地质灾害管理和灾情评估的科学性、准确性和有效性具有重要作用，而且可以大大提高减灾、抗灾和防灾的效率及现代化水平。对于山体滑坡和泥石流等重大地质灾害，可以分析灾害严重程度及其空间分布，帮助政府分配紧急响应资源，快速、准确地获取泥石流环境背景要素信息，而且能够监测其动态变化，为准确预报提供基础数据。

7.2.4 地震救援

在 2019 年宜宾市长宁县发生 6 级地震的时候，灾后救援无人机更是第一时间到达现场，对地震区域进行了紧急的航测活动，迅速生成了震区数字影像、震区三维模型以及测算震区塌方量等数据，并及时传递给了救援指挥人员，从而让相关救援活动得以更加顺利地进行，能够有效避开塌方路段，保障救援人员的安全，并以更快的速度发现灾民以及妥善地安置，最小化地震灾情所带来的生命财产损失。

7.3　在国土、城市、海洋等领域的应用

无人机遥感应用于地理国情调查、环境监测、城市规划与管理和海洋监测等领域，是对我国传统航测技术与遥感基础性、常备型业务的重要补充和技术提升。随着经济的发展，政府对土地资源、环境的管理日益精细化，对动态监测，要求具有更短的时间、更高的分辨率和更常态化，传统航测与遥感方法难以满足当前的需求，尤其是注重精度和时效

的监测项目，这给了无人机航测巨大的需求驱动源。

7.3.1 国土资源行业

（1）应急防灾体系建设。通过建立无人机低空航测体系，能切实提高突发事件的响应和处理能力：一方面，能及时反映地质灾害事故发生后的影响范围、损失估量等翔实数据，为政府辅助决策提供重要参考依据；另一方面，能通过对地质灾害多发点预先进行定时无人机低空巡查，获取实时的灾害点信息，有效预测地质灾害的发生，减少灾害损失。同时，通过低空航测，能及时发布灾害相关数据，大大提高政府的服务能力，提升国土资源管理的公众形象。

（2）地籍数据库变更。利用无人机航测技术和相关自动化制图软件完成地形数据采集和快速制图，获得数字化的 4D 产品，可以快速提取地籍变更范围。同时，采用高精度的倾斜航测成像手段，在云下 500 m 高空飞行可以完成 1∶500 航拍图的测量，并通过边缘提取、自动构面等技术制作完成地籍入库数据和地籍数据库的年度变更。

（3）农村集体土地承包经营权确权颁证。农村集体土地承包经营权确权颁证牵涉范围广泛，特别是在一些环境复杂的偏远山区，传统方法既费时费力，又降低了测量的精度。无人机航测技术利用丰富的影像信息，具有较高的精度和效率，可以很好地实现农村集体土地承包经营权确权颁证"一体化"发证设想，并能完成大比例尺区域的快速测图与发证。

（4）动态巡查监管。通过无人机航测的监测成果，可及时发现和依法查处被监测区域国土资源违法行为，建立利用科技手段实行国土资源动态巡查监管及违法行为早发现、早制止和早查处的长效机制。特别是在违法用地不易发现地区，利用无人机低空航测彩色正射影像数据，执法人员可以更清楚、直观地查看违法事实，并通过数据抽取和深加工制作现场照片，成为立案证据。

（5）国土资源"一张图"建设。无人机低空航测成果可以广泛应用于国土资源"一张图"基础数据中。最直观的是影像数据，也可以是通过影像处理进行空三测量形成信息化的 4D 产品，经过半自动化的处理入库，有力地补充了"一张图"核心数据库，保证了数据的实时性和统一性，既提高了技术人员及部门的话语权，也更便于提高领导决策的科学性和准确性，可以为各级部门及主要决策者定期提供最实时的土地管理相关信息。

7.3.2 城市规划与管理

7.3.2.1 数字城市建设

为使城市能够适应经济高速发展的需要，城市规划与管理的作用日益明显，对地图产品的更新周期要求越来越短。无人机影像分辨率高，信息丰富，可满足大比例尺 4D 产品的制作，应用和更新要求，比传统航测技术和卫星遥感更适于"数字城市"建设；无人机使用方便灵活、成本低廉、维护方便、工作效率高，尤其适合较小面积航空影像的获取，可为城市建设和管理部门提供多种形式的影像数据；无人机可在空中实现拍摄瞬间定位定向系统(Position and Orientation System，POS)的定位、定高、定向，提高了产品生产效率，大大减少了野外工作量。

无人机在空间数据采集方面应用优势明显，已成为数字化城市建设中应用前景最为广阔的一种测绘手段。现阶段，我国的无人机测绘总体水平较好，但各地区差异较大，应用广度也有待提高。随着数字化城市建设对数字测绘信息的需求越来越高，无人机应用将会发挥巨大的作用。

7.3.2.2 城市规划

城市规划对城市的发展至关重要，且需要大量的测绘信息。无人机低空航测技术可为规划区域提供强现势性、大比例尺、高分辨率、高精度的正射影像图(DOM)、数字高程模型(DEM)、数字表面模型(DSM)、数字栅格地形图(DRG)和数字线划图(DLC)等测绘产品。近年来，随着计算机技术、遥感技术、航测技术及其相关信息技术的飞速发展，使用倾斜航测技术重建地表三维形态已成为现实。以三维数据和影像为基础的三维可视化技术，能产生更加逼真的环境模拟，可以从不同角度，多方位地反映目标区域的实际情况，为城市规划部门和人员作出科学的城市决策提供可靠依据。

目前，我国有数以万计的小城镇在规划时缺乏高精度空间信息源。特别是许多小城镇，地处边远地区，面积小、分布零散，采用常规航空航测耗费太大，采用人工测量困难多，采用超轻型飞机，其姿态难以控制，而无人机航测技术系统以其独特的优势，可为规划提供经济快速的数据源。

采用设计模型与三维地形景观相结合的技术，能实时再现设计成果，避免复杂环境下二维图形带来的思维局限性和片面性，提高设计效果的真实表现力。因此，城市规划设计方案可视化，可以真实、直观地体验规划设计效果，避免了以往规划设计图纸的欠缺，可以通俗、形象、直观地感受、理解规划设计效果，能更好地理解规划师的意图，从而使大众的参与和决策人员的决策过程更准确、更有效。

7.3.2.3 城市管理

(1)城市灾害的监控。当城市发生爆炸、火灾和水灾等灾害时，有时救援人员无法或不能很快进入受灾的区域，这时可利用无人机携带的照相或摄像设备对受灾区域进行侦察，同时将航拍图像传送回来，便于救援人员及时了解灾情。

(2)小区域的三维测绘。利用多旋翼无人机携带摄像机进行航拍，可获得城市中小区域的影像数据，对这些数据进行专门处理后，可以获得该区域的三维数字产品。对小型旅游景点航拍图像进行后期处理，可方便、迅速和低成本地生成三维图，用于宣传与推广。

(3)城市违章建筑的巡查。清理城市违章建筑是城市管理的重要工作。通过航拍图像可以及时发现新出现的违章建筑，特别是高楼上的违章建筑，这些违章建筑危险性大且具有隐蔽性，只有在空中才能发现。通过无人机提供的航拍图像，不仅能够轻易发现是否存在违章建筑，对违章建筑定位，而且可以测量违章建筑的面积和高度。

(4)城市反恐绑架。城市反恐是城市管理中面临的新问题。在反恐指挥控制中，掌握恐怖分子的分布、人质的情况等对指挥决策有重要的作用。无人机可以在技术人员的操控下，飞到恐怖分子所在区域，采用悬停等方式，通过窗口等观察屋内的情况。如果恐怖活动发生在高楼层，利用无人机悬停是侦察的最佳手段之一。

(5)大型活动现场监控。城市中的大型活动，如集会等，由于人数多，监管难度大，出现突发事件的可能性也很大。通过无人机的空中监控，可以帮助管理机构实时掌握活动现场情况，还可根据需要重点观测某个区域，及时发现异常并持续监控。

7.3.3 海洋监测管理

7.3.3.1 灾害监测

(1)灾前预报。利用无人机在灾害频发时段和区域加强巡检，视察大堤是否受损，调查浒苔、赤潮和海冰的分布，预测走向，及时向可能受到危害的地区发布灾害预警；同时可通过长时间的观测，掌握灾害发生的规律，以便后期做到提前预测，采取应对措施。

(2)灾中监控。在海洋灾害发生时：一方面，通过无人机可以调查灾害发生的范围、程度，制定合理的消灾方案；另一方面，利用无人机在空中实时获取影像、视频，便于制定消灾方案，指挥消灾任务，观察消灾成效。

(3)灾后评估。与 GIS 技术相结合，通过对无人机获取的受灾遥感数据进行分析，提取受灾范围、受灾等级和损失程度等量化信息，指导灾后补救和后期防范。

7.3.3.2 海洋测绘

港口、河流入海口和近海岸等水陆交界地带是人类活动相对频繁的海域，在人为因素和自然环境因素的作用下，这些区域的地形变化比较频繁。人为因素方面，随着经济的发展和需求的提出，人们对水陆交界海域的开发利用不断增强，例如填海造地、养殖区扩展和港口平台搭建等；在自然环境因素的作用下，海岸侵蚀造成海岸线变更，入海口冲击，淤积等因素造成入海口地形变更。加强对这些海域的测绘，对于指导人们开发和利用水陆交界海域具有重要意义。

利用无人机进行海洋测绘，比传统的测绘方法速度快，并能深入海水区域，获取的遥感数据具有更高的空间分辨率，可以完成大比例尺制图。从无人机遥感影像中可以提取海岸、入海口和港口等海域的轮廓线及其变化，结合 GIS 技术对面积、长度和变化量等量化分析并预测变化趋势。在填海造地时，利用无人机搭载 LiDar 实时测量填造区域，指导工程的实施。利用合成孔径雷达(SAR)和高光谱遥感数据可以探测浅海区域的海底地形，绘制海底地形图。利用 LiDar 数据建立海岸线数字高程模型(DEM)，为风暴潮的预警提供参考。在海岛礁测绘中，利用无人机同时搭载 LiDar 和多光谱传感器获取多源数据，提取海岛礁的轮廓线、面积、DEM 和覆被类型等信息，可建立海岛礁三维模型。

7.3.3.3 海洋参数反演

海洋是全球气候变化中的关键部分，海表温度、盐度和海面湿度等环境参数是全球气候变化、全球水循环和海洋动力学研究的重要参数。遥感技术是快速、大范围监测海洋环境参数的有效手段，可以对海洋长时间连续观测，为气候变化、水循环和海洋动力等研究提供数据。无人机可以监测局部重点海域的环境参数，是卫星遥感大范围监测的重要补充，为海洋区域气候、海洋异常变化、海洋生物环境、入海口海水盐度变化和沿海土地盐碱化等研究提供数据信息。无人机获取的海洋环境参数还可以为海上油气平台、浮标和人工建筑等设备和设施的耐腐蚀性、抗冻性研究提供数据支持。

无人机配备微波辐射计、热红外探测仪和高光谱成像仪等传感器探测海洋，得到遥感数据，利用海洋参数的定量遥感反演算法模型反演海洋的各个参数。目前，反演模型大多是统计模型，利用遥感数据与反演的海洋参数之间建立起统计关系，通过统计回归的方法可以反演得到海洋温度、湿度和盐度等环境参数。

7.3.3.4 海事监管

无人机配备高清照相机、摄像机及自动跟踪设备，可以执行海上溢油应急监控、肇事船舶搜寻、遇险船舶和人员定位及海洋主权巡查等任务，能够快速到达事故现场，掌握事故区域、事故程度和救援进展等情况，即刻回传影像和视频，在事故调查、取证等工作中为事故救援决策提供实时、准确的信息，监视事故发展，是海事监管救助的空中"鹰眼"；由于无人机的特殊性——抗风等级大、遥控不受视觉条件限制，因此比舰载有人直升机更适于恶劣天气下的搜寻救助工作；一旦发生危险，不会危及参与搜救人员的生命，最大限度地规避了风险，是海洋恶劣天气下搜寻救助的可靠装备。目前，我国利用无人机进行海域巡检、监管，已经开始进入常规业务阶段。

7.4　在农林、环保、灾后重建领域的应用

7.4.1 农林应用

无人机遥感在农林行业的应用主要以调查、取证和评估为主，更注重调查现状和地理属性信息，如作物长势、病虫灾害、土壤养分、植被覆盖或旱涝影响等信息，对绝对定位精度、三维坐标观测精度要求较低。在农业领域，我国无人机遥感已在农业保险赔付、小

面积农田农药喷施及农田植被监测方面有了一定的应用；在林业领域，无人机遥感在森林调查中的应用还很少，主要应用在林火监测中。

（1）土地整治。以往土地整治工作中，无论是整治前的勘测设计还是整治项目完成后的竣工验收，都必须进行外业勘测和竣工测绘；实施过程中的监督检查也只能到项目区实地踏勘，不仅外业工作量很大，还由于检查不能面面俱到而存在争议，整个过程缺乏有效的监督监控手段。在土地整治重大工程项目中引进无人机航空航测技术，拍摄各项目区整理前、中、后期的航片，对获取的影像加工处理，制作大比例尺正射影像图，经过对项目区各阶段影像进行对比，以及对影像和规划图、竣工图的比对，能够及时、全面、准确掌握项目的工程质量和进度情况。

利用无人机获取土地整理后的影像，制作完成高精度的土地利用分类图，可以作为土地整理项目竣工验收的基础资料。无人机航测技术在土地整理项目中的成功应用，大大提高了土地整理工作的效率，可在以后的实际项目中推广应用。

（2）农业信息化。无人机作为新型遥感和测绘平台，相比于传统的卫星遥感观测更加方便灵活，易实现，分辨率也更高，数据信息也具有更高的准确度，因此在农业信息化领域得到了广泛的应用。例如，在土壤湿度监测方面，无人机也能起到重要作用。监测区域土壤湿度有利于对农作物进行信息化管理。传统的土壤湿度监测站不能满足大面积、长期的土壤湿度动态实时监测的要求，限制了其在农业信息化、自动化方面的发展及应用，而光学设备在高空中会受到云层的阻碍，使观测不易实行，因此无人机的应用成为解决问题的关键。无人机可以搭载可见光近红外光设备作为检测手段，通过对比图像的特性，得到关键信息，保证所建立模型的高准确性，完成土壤湿度的准确监测、信息采集与建模，是农业信息化的关键一步。

（3）农作物植保。无人机技术在农作物植保方面的应用主要体现在作物的病虫害监测及农药喷洒方面。病虫害是影响农作物产量和质量的关键因素之一，对于农药喷洒，传统的人工及半人工的方式已经不能满足现代农业生产规模化种植的需要，而且喷药人员中毒事件时有发生。无人机用于农药喷施具有极大的优势，一些发达国家将无人机用于植保的技术已经比较成熟。我国无人机植保起步较晚，但随着近年来无人机行业的发展，植保无人机一经推出便引起广泛关注。植保无人机可以有效地实现人和药物的分离，安全、高效。目前，国内植保无人机领域的研究在不断加深，推广速度和市场认知度也在不断提高，植保无人机的市场前景非常广阔。

7.4.2 环保应用

无人机遥感系统具有低成本、高安全性、高机动性和高分辨率等技术特点，使其在环境保护领域的应用有着得天独厚的优势，在建设项目环境保护管理、环境监测、环境监察和环境应急等方面，无人机遥感系统均能够发挥其强有力的技术支持作用。

（1）建设项目环境保护管理。在建设项目环境影响评价阶段，环评单位编制的环境影响评价文件中需要提供建设项目所在区域的现势地形图，大中城市近郊或重点发展地区能够从规划、测绘等部门寻找到相关图件，而相对偏远的地区便无图可寻，即便有也是绘制年代久远或精度较低，不能作为底图使用。如果临时组织绘制，又会拖延环境影响评价文件的编制时间，有些环评单位不得已选择采用时效性和清晰度较差的图件作为底图，势必对环境影响评价工作造成不良影响。无人机遥感系统能够有效解决上述问题，它能够为环评单位在短时间内提供时效性强、精度高的图件作为底图使用，并且可有效减少在偏远、危险区域现场踏勘的工作量，提高环境影响评价工作的效率和技术水平，为环保部门提供精确、可靠的审批依据。

（2）环境监测。传统的环境监测通常采用点监测的方式来估算整个区域的环境质量情况，具有一定的局限性和片面性。无人机遥感系统具有视域广、及时、连续的特点，可迅速查明环境现状。借助于系统搭载的多光谱成像仪生成多光谱图像，直观、全面地监测地表水环境质量状况，提供水质富营养化、水体透明度、悬浮物和排污口污染状况等信息的专题图，从而达到对水质特征污染物监视性监测的目的。无人机既可搭载移动大气自动监测平台，对目标区域的大气进行监测，自动监测污染因子。也可采用搭载采样器的方式，将大气样品在空中采集后送回实验室监测分析。无人机遥感系统安全作业保障能力强，可进入高危地区开展工作，有效避免了监测采样人员的安全风险。

（3）环境应急。无人机遥感系统在环境应急突发事件中，可克服交通不便、情况危险等不利因素，快速赶到污染事故所在空域，查看事故现场、污染物排放情况和周围环境敏感点分布情况。系统搭载的影像平台可实时传递影像信息，监控事故进展，为环境保护决策的制定提供准确信息。无人机遥感系统使环保部门对环境应急突发事件的情况了解得更加全面、对事件的反应更加迅速，相关人员之间的协调更加充分，决策更加有依据。无人机遥感系统的使用，还可以大大降低环境应急工作人员的工作难度，同时工作人员的人身安全也可以得到有效的保障。

（4）环境监察。当前，我国工业企业污染物排放情况复杂、变化频繁，环境监察工作任务繁重，环境监察人员力量也显不足，监管模式相对单一。无人机遥感系统可以从宏观上观测污染源分布排放状况及项目建设情况，为环境监察提供决策依据；同时通过无人机监测平台对排放口污染状况的遥感监测，也可以实时快速跟踪突发环境污染事件，捕捉违法污染源并及时取证，为环境监察执法工作提供及时、高效的技术服务。

7.4.3 灾后救援

利用搭载了高清拍摄装置的无人机对受灾地区进行航拍，可提供一手的最新影像。例如，当发生地震、滑坡、泥石流、火山爆发、台风、暴雨、洪灾、沙尘暴等突发灾害时，提供最新影像数据，帮助救灾人员制定相关决策。

在无人机上搭载视频传感器和导航定位设备，可以获取实时动态影像及灾区定位信息，在搜救工作中开展定位服务，弥补救灾人员救援漏洞，提高搜救效率。利用灾后航空影像快速对灾害遥感数据进行解译和评估，开展对比分析，获得倒塌房屋及受损公路、桥梁等各种灾情的位置、类型、规模、分布特征等信息，并进行初步的灾情评估，及时了解灾害发生情况、影响范围、道路畅通情况等，提高灾害救助的时效性和针对性。在应急处置阶段，预测震后威胁的对象与潜在次生灾害，如对于滑坡、泥石流、塌方等形成的淤塞，结合降雨统计数据、河流流量信息等，预测蓄满溢流的可能性。通过无人机影像了解安置点周边环境信息和空间分布，分析应急安置点布置的合理性，为灾害预防和救援方案的制定提供科学依据。在灾后恢复重建阶段，可以对重点地区进行监测，用不同时间数据对比，分析重建进度。

无人机动作迅速，对于争分夺秒的灾后救援工作而言，意义重大。此外，无人机提高了救援工作的安全性，通过航拍的形式，避免了那些可能存在塌方的危险地带，为合理分配救援力量、确定救灾重点区域、选择安全救援路线及灾后重建选址等提供有价值的参考。同时，无人机可实时、全方位地监测受灾地区的情况，预防次生灾害。

7.5　在矿业、能源、交通等领域的应用

无人机移动测量已被广泛应用于矿山开采、电力和石油管线的选址与巡检、交通规划和路况监测等工作中。在矿业领域，利用无人机遥感技术获取矿区数据资料，实现矿区的有效监测，从而为矿区的开采工作提供保障；在电力与石油等能源领域，有利于重大工程的选址、选线、巡线、运行和管理等，能够满足施工建设过程的持续监测需求；在交通领域，利用无人机遥感技术，能够从微观上进行实况监视，对交通流进行调控，构建水陆空立体交管，实现区域管控，应对突发交通事件，实施紧急救援，确保交通畅通。

7.5.1 矿业应用

无人机遥感技术在矿业的各个重要环节(例如爆破、矿井的生态重建等)都能派上用场。无人机遥感也是地质找矿的重要技术手段，在基础地质调查与研究、矿产资源与油气资源调查和矿山开采等方面都发挥了重要作用。

(1)爆破。矿井所在地往往是比较偏远的地区，现有地图信息往往不能满足爆破工作的需要。无人机可以用较低的成本、更高的效率提供爆破区域详细的环境信息。无人机可以在短时间之内，有时甚至只需几个小时制作出一个地区的高清地图。由于飞行高度一般得保持在 2 000~2 500 m，传统的飞行器必须配备 8 000 万像素以上的摄像头，而无人机最低可以飞行在 80 m 的高度，只需配备一个 1 600 万像素的摄像头就能够绘制出更好效

果的地图，大大降低了成本。

（2）生态重建。在矿井的生态重建阶段，了解矿井在开采前后的形态十分重要。通过无人机获取数据生成准确的三维图像，可以帮助矿区尽可能地恢复到开采之前的模样。利用无人机定期调查，还能帮助人们了解到生态恢复的进程。

7.5.2　能源领域应用

无人机在能源领域中的应用越来越广泛，下面列出几种典型应用。

（1）能源勘测设计行业。无人机目前在能源勘测设计行业中的应用主要包括以下方面：①通过无人机航测技术与遥感，为能源项目勘测设计提供基础测绘资料，包括 4D 测绘成果、场址实景三维模型等；②通过无人机辅助完成野外现场选址踏勘工作，比传统作业模式能获取到项目区域更详细的信息，减少部分调研工作；③在施工图设计阶段，通过共享平台，现场施工人员可以直观地看到设计成果并与设计者进行互动，设计人员可根据现场施工情况及时对设计方案进行调整，提高施工效率和设计成果质量；④在项目施工现场可通过无人机进行工程测量计量和施工安全监控；等等。

（2）光伏行业。无人机可为光伏行业测绘、测温和自动巡检等提提供解决方案，如大疆禅思 XT 相机在屋顶光伏板检测与大型光伏电站的运行维护上具备明显优势。禅思 XT 相机可以在短时间内扫输处于工作状态中的光伏板，能清晰地用影像呈现温度异常。通过对禅思 XT 的检测，用户能迅速确定出现故障的光伏板，及时进行修复，保障发电站处于最佳的状态。

（3）风力发电场、石油和天然气设备巡检。安全和效率是现代化的能源设施检测与维修系统的首要要求，用无人机可从空中对大型设施进行全面检测。以往在检测风力发电机时需要将工作人员运送到高空中进行作业，不仅有很大的安全隐患，而且需要在检测前停工，影响发电效率。与传统手段相比，使用无人机对风力发电机进行检测，安全、便捷、定位精准，可以在空中接近风力发电机，检测人员的安全风险大幅降低，而且其先进的环境感知退障功能与精确到厘米级的稳定飞行定位技术，可有效避免撞击事故，确保飞行安全。

（4）电力线路巡检。输电线和铁塔构成了现代电网，输电线路跨越百万米，交错纵横，电塔分布广泛、架设高度高，使得电网系统的维护困难重重。以往电力巡检工作是通过直升机来完成的，现在，先进的无人机技术让电力巡检工作变得更简单、高效。

（5）核电站巡检。原子能是当今最有效的能源之一。为保障核设施的安全，必须对反应堆进行严格的巡检。然而近距离检测可能给相关人员带来辐射危害，使用无人机进行远程巡检能将危害降至最低。无人机搭载可见光相机和红外相机开展工作，高精度红外相机能够显现 1 ℃的温差成像差别，可有效地探测肉眼无法觉察到的潜在裂缝及结构变形；可见光相机可满足各类巡检场景的需求。

(6)石油管道巡检。无人机巡检系统以技术领先、性能稳定著称，可完成多种对地探测和巡察任务。将无人机用于输油管道的巡检，可直观显示管道线路及地表环境的实际状况，为能源管道系统快速、准确获取第一手信息，实现高效、科学决策，保证输油管道安全运行，提供了最新的技术解决方案。

7.5.3 交通应用

(1)桥梁检测。桥梁多跨越江河，凌空于山涧，在桥梁日常检查与定期检查中，传统检查手段有限，危险性高、准确率低、效率低、经济投入大。针对净空较高、跨河桥梁的检测，无人机的应用可达到事半功倍的效果。

无人机通过搭载不同的传感器获得所需的数据并用于分析。根据桥梁检测的特殊性，通过在无人机侧方、顶部和底部多方位搭载高清摄像头、红外线摄像头，可方便地观察桥梁梁体底部、支座结构、盖梁和墩台结构等的病害情况，并且可实时回传视频及图片信息。斜拉桥与悬索桥的主塔病害情况检测也不需要人员登高作业，这使得桥梁检测工作更为安全。

应用红外线摄像头可快速检查出桥梁结构中渗漏水，裂缝等病害。多旋翼无人机可定点悬停，便于对病害部位仔细检查。相比桥检车与升降设备，无人机轻巧、效率高、投入少。

(2)施工监控。施工规划阶段，无人机搭载高清摄像镜头与测绘工具，回传施工用地的图像、高程、三维坐标及 GPS 定位，后台分析软件对数据进行识别拼接、3D 建模及估测土方量等，对施工场地的布置和道路选线等提供信息支持。

在施工阶段，无人机采集影像资料，可直观地获取工地施工进展情况，在桥梁合龙等关键工序实施过程中，借助无人机开阔的视野，也可协助发现施工现场的安全隐患情况。

(3)线路巡检。在公路线路、水运航线的线路巡检中，无人机效率高、成本低，可加大巡检频率，加强对线路的监控。

通过公路巡查，可采集全线道路信息，包括车辙、坑槽等破损路面的图片信息，回传给地面站，由后台分析软件对图片进行分析归类，形成分析报告，辅助现场养护任务的决策。对于公路两侧的违章占地和堆放，也可以通过图像对比技术，及时发现与处理。

在高速公路危险品事故应急处理问题中，若现场信息不明，贸然出动工作人员进入事故现场，可能会造成不必要的伤亡。无人机可代替工作人员进行初步的事故现场勘察，为事故处理方案的制定提供一手信息。

参考文献

[1]牟健为.无人机航空摄影教程[M].北京：中国摄影出版社，2017.

[2]宇辰网.无人机：引领空中机器人新革命[M].北京：机械工业出版社，2017.

[3]杨浩.城堡里学无人机：原理、系统与实现[M].北京：机械工业出版社，2017.

[4]贾恒旦，郭彪.无人机技术概论[M].北京：机械工业出版社，2018.

[5]吕红军，张慧娟，魏采用.宁夏无人机遥感监测理论与实践[M].银川：宁夏人民教育出版社，2018.

[6]官建军，李建明，苟胜国，等.无人机遥感测绘技术及应用[M].西安：西北工业大学出版社，2018.

[7]吴铁峰.无人机测量系统及其数据处理技术研究[M].长春：吉林大学出版社，2018.

[8]丁华，李如仁，徐启程.数字摄影测量及无人机数据处理技术[M].北京：中国建材工业出版社，2018.

[9]段延松.无人机测绘生产[M].武汉：武汉大学出版社，2019.

[10]全广军，康习军，张朝辉.无人机及其测绘技术新探索[M].长春：吉林科学技术出版社，2019.

[11]冯登超.低空安全与无人机系统导论[M].天津：天津大学出版社，2019.

[12]许志华，吴立新.地灾与建筑损毁的无人机与地面 LiDAR 协同观测及评估[M].北京：北京理工大学出版社，2019.

[13]张林.对话异托邦[M].北京：商务印书馆，2019.

[14]潘正风，程效军，成枢，等.数字地形测量学[M].2 版.武汉：武汉大学出版社，2019.

[15]李冲.测绘地理信息成果信息化质检平台构建技术研究[M].武汉：武汉大学出版社，2019.

[16]张涛.机器人概论[M].北京：机械工业出版社，2019.

[17]刘含海.无人机航测技术与应用[M].北京：机械工业出版社，2020.

[18]杨苡，戴长靖，孙俊田.无人机操控技术[M].北京：机械工业出版社，2020.

[19]冯登超，齐霞.无人机组装调试与检修[M].北京：化学工业出版社，2020.